$NiFe_2O_4$基惰性阳极材料的烧结行为及应用性能

杜金晶　王 斌　著

北 京
冶 金 工 业 出 版 社
2019

内 容 提 要

$NiFe_2O_4$ 作为一种陶瓷材料，具有耐高温、强度高和热稳定性强等优点，对冰晶石熔体侵蚀具有较强的抵抗力，是用作铝电解惰性阳极的优良材料之一，也是国内外惰性阳极技术研究的热点和焦点。本书共分 8 章，介绍了 $NiFe_2O_4$ 材料的性能特点、研究进展和制备方法以及不同反应体系的烧结热力学和动力学问题；研究了不同烧结条件和添加剂对 $NiFe_2O_4$ 材料结构及性能的影响，并对 $NiFe_2O_4$ 材料的热震裂纹和热应力分布情况进行了分析；比较了碳素阳极材料和 $NiFe_2O_4$ 基惰性阳极材料对电解质的润湿性差异和阳极气泡析出区别，并分析了 $NiFe_2O_4$ 基惰性阳极材料的阳极过电压问题。

本书可供冶金工程、材料科学等相关专业的研究人员、工程技术人员及高校师生阅读参考。

图书在版编目(CIP)数据

$NiFe_2O_4$ 基惰性阳极材料的烧结行为及应用性能/杜金晶，王斌著．—北京：冶金工业出版社，2019. 12

ISBN 978-7-5024-8309-8

Ⅰ. ①N… Ⅱ. ①杜… ②王… Ⅲ. ①阳极—惰性材料—烧结—研究 Ⅳ. ①TB39

中国版本图书馆 CIP 数据核字（2019）第 263890 号

出 版 人 陈玉千
地 址 北京市东城区嵩祝院北巷 39 号 邮编 100009 电话 (010)64027926
网 址 www.cnmip.com.cn 电子信箱 yjcbs@ cnmip. com. cn
责任编辑 曾 媛 美术编辑 郑小利 版式设计 禹 蕊
责任校对 李 娜 责任印制 李玉山
ISBN 978-7-5024-8309-8
冶金工业出版社出版发行；各地新华书店经销；三河市双峰印刷装订有限公司印刷
2019 年 12 月第 1 版，2019 年 12 月第 1 次印刷
169mm×239mm；10. 25 印张；196 千字；154 页
55. 00 元

冶金工业出版社 投稿电话 (010)64027932 投稿信箱 tougao@cnmip. com. cn
冶金工业出版社营销中心 电话 (010)64044283 传真 (010)64027893
冶金工业出版社天猫旗舰店 yjgycbs. tmall. com
（本书如有印装质量问题，本社营销中心负责退换）

前言

传统的铝电解工业采用炭素材料为阳极，存在优质炭消耗大、环境污染严重、劳动强度大和生产不稳定等问题。若采用惰性材料为阳极，可在阳极直接产生 O_2，避免了 CO、CO_2 和氟碳化物气体的排放，这对铝电解工业乃至国民经济的可持续发展具有非常重要的意义。

$NiFe_2O_4$ 作为一种陶瓷基惰性阳极材料，具有耐高温、耐腐蚀和强度高等优点，但同时也存在着力学性能及抗热震性差等问题。为研究提高 $NiFe_2O_4$ 材料的综合性能，优化其烧结条件，改善其烧结性能，本书从提升 $NiFe_2O_4$ 材料的烧结性能出发，围绕 $NiFe_2O_4$ 基惰性阳极技术开发中的基础理论问题，重点就阳极烧结机制、阳极微结构和热应力分布等问题进行了分析。

本书是作者在多年从事科研及实践的基础上整理撰写而成，较为系统地分析了 $NiFe_2O_4$ 材料的烧结热力学和动力学问题，介绍了不同烧结条件对 $NiFe_2O_4$ 材料结构及性能的影响，分析了其热震裂纹和热应力分布情况，并对阳极的气泡行为和阳极过电压情况进行了分析。

本书由西安建筑科技大学杜金晶副教授和王斌副教授负责撰写、统稿和整体修改工作。在编写过程中，得到了东北大学姚广春老师和刘宜汉老师的指导；本书所涉及的研究课题得到了国家自然科学基金项目（编号：51504177）资助。在此一并表示最诚挚的谢意！

在本书的撰写过程中，作者参考了国内外有关文献资料，在此谨向所有文献资料作者表示感谢。由于参考文献广泛，如作者在归纳、整理过程中出现遗漏，敬请有关资料作者谅解。

由于作者水平所限，书中不妥之处在所难免，敬请各位读者批评指正。

作　者

2019 年 7 月

前言

目　　录

1 绪　论

1.1 惰性阳极材料的研究背景

1886 年，埃鲁（Paul Héorult）和霍尔（Charles Martin Hall）申请的采用电解氧化铝-冰晶石熔体生产金属铝的专利为现代铝工业奠定了基础[1,2]。目前，铝电解行业仍采用 Hall-Héorult 法，虽然电流效率已经高达 96%，但基本工艺没有改变，仍以碳质材料为阴阳极，铝在阴极析出，阳极碳参与反应生成 CO 和 CO_2[3]。

采用炭素阳极进行铝电解时，在电解过程中会发生以下反应：

$$2Al_2O_3 + 3C = 4Al + 3CO_2 \uparrow \tag{1-1}$$

从式（1-1）可以看出，采用炭素阳极进行电解会存在一些弊端，主要表现在[4~9]：

（1）炭素阳极在电解过程中参与反应，而被不断地消耗，因此需要频繁更换阳极，较高的阳极更换频率干扰了电解槽的热平衡，同时劳动强度较大，铝生产的自动化程度受到限制；

（2）优质炭素材料消耗较大，每生产 1t 铝，理论消耗 371kg 的炭素材料，而实际消耗量高达 400~500kg，增加了铝生产成本；

（3）随着电解的进行，槽中碳渣堆积，氟盐的消耗量大，从而影响电解槽的稳定运行；

（4）电解过程中炭素阳极参与反应，生成大量的 CO_2 温室气体和致癌的氟碳化合物，并且在生产预焙阳极的过程中会产生大量的沥青烟气，造成环境污染。

如今，发展“低碳经济”已经成为世界各国实现经济可持续发展的必由之路。在这个时代主题下，炭素阳极应用在铝电解工业中所显现出来的缺点更趋明显。因此，铝业界一直在寻求高效率、低能耗、低成本、无污染（或少污染）的炼铝新工艺。其中，惰性阳极材料备受铝电解行业的青睐，因为惰性阳极在电解过程中不参与电极反应，基本不消耗，阳极反应产物为氧气，而不是二氧化碳，在节省大量资源的同时，保护了环境[10~13]。铝电解生产过程中，惰性阳极的使用还可以避免频繁更换阳极，有助于减轻劳动强度，提高电解槽操作的平稳性和自动化水平[14~18]。

1.2 惰性阳极材料分类

惰性阳极在冰晶石-氧化铝熔盐电解中基本不消耗，进行电解时会发生如下电化学反应：

$$Al_2O_3 = 2Al + 3/2O_2 \uparrow \tag{1-2}$$

式（1-2）表明，惰性阳极与传统的炭素阳极相比，具有以下优点[19~22]：

（1）环保优势：

1）惰性阳极不参与阳极反应，在电解过程中释放 O_2，消除了电解过程中排放 CO_2 气体所带来的温室效应；

2）电解槽不易产生阳极效应，消除了电解过程中致癌物质 CF_4、C_2F_6 的排放。

（2）经济优势：

1）节约阳极碳耗 400~500kg/tAl，占生产成本的 12%~15%；降低能耗（包括炭阳极生产能耗），当与惰性可湿润性阴极结合使用，并采用新型结构铝电解槽时，可以降低能耗 20%~30%。

2）阳极不再需要频繁更换，或者延长了阳极更换周期，生产过程变得更为简单可控，节约了更换阳极时的劳力消耗，同时不会干扰电解槽热平衡，生产运行更加稳定。

3）电解产生的 O_2 可以增加产品的附加值，其价值约为原铝价值的 3%。

因为铝电解发生在温度为 950~980℃ 的 Na_3AlF_6-Al_2O_3 熔盐体系中，所以对惰性阳极在选材方面提出了严格的要求，如电极制品本身的物理化学性质（如导电性、抗热震性、耐蚀性和可加工性等）。一般认为其性能应达到以下要求[23]：

（1）具有良好的化学稳定性，不影响产品铝的质量；

（2）具有良好的耐熔盐腐蚀性；

（3）良好的导电性；

（4）良好的抗热震性能和机械强度；

（5）原料来源广泛，价格比较低廉。

能同时满足上述要求的阳极材料极少，在阳极的选材方面，科研工作者进行了大量的尝试性研究。虽然很多用于惰性阳极的材料已经被申请专利，但仍没有一种是可以投入工业生产应用的。近年来惰性阳极的研究主要集中在氧化物陶瓷阳极和金属阳极上[24~28]。

1.2.1 氧化物陶瓷阳极

氧化物陶瓷在熔盐电解质中溶解度较低，并具有较高的抗高温腐蚀性能，因此受到较多关注[28]，主要包括 SnO_2 基阳极、CeO_2 涂层阳极、ZnO 阳极、尖晶石基阳极和其他一些氧化物阳极。

1.2.1.1 SnO_2 基阳极

SnO_2 在1035℃冰晶石中的溶解度仅为0.08%，曾被许多研究者认为是惰性阳极的首选材料。瑞士铝业公司于1969年申请了第一个 SnO_2 阳极的专利[29]，并在此基础上引入 Sb_2O_3、CuO 等掺杂物来提高 SnO_2 基阳极的抗热冲击性和抗腐蚀性。此外，Galasiu[30]研究了 Ag_2O 对 SnO_2 惰性阳极电化学性能的影响，发现组成为96wt% SnO_2+2wt% Sb_2O_3+2wt% Ag_2O 的阳极电阻最小，抗腐蚀性能最佳。Cassyre 等[31]的研究证实了使用 SnO_2 基惰性阳极时的阳极气体与电解质有较好的润湿性。

东北大学的邱竹贤院士等[32]研究了 ZnO、CuO、Fe_2O_3、Sb_2O_3、Bi_2O_3 等添加剂对 SnO_2 基阳极成型及电极导电性的影响，并成功地实施了100A电解槽的扩大试验。中南大学的刘业翔院士等[33]采用稳态恒电位法结合脉冲技术对 SnO_2 基阳极在铝电解质中的行为进行了研究，其结果表明，掺杂微量 Ru、Fe 和 Cr 的 SnO_2 基阳极具有明显的电催化作用。

SnO_2 类陶瓷体系具有较好的抗熔盐腐蚀性能和导电性能，能满足作为惰性阳极材料的条件，但它的抗热震性能不好，且氧化锡电极会把过多的金属 Sn 带入铝产品中，影响产品质量，从而限制了它在铝电解工业中的应用。

1.2.1.2 CeO_2 涂层阳极

CeO_2 具有良好的导电性和抗冰晶石熔体的腐蚀能力，因此，CeO_2 涂层阳极引起了人们的广泛关注。E. W. Dewing 等[34]研究了 CeO_2 在冰晶石熔盐中的溶解反应，发现 CeO_2 的溶解度与熔盐中的氧分压、铝和氟化铝的含量有关，Ce 在熔盐中主要是以 Ce^{3+} 的形式存在，其主要产物是 CeF_3。

尽管 CeO_2 涂层有利于提高材料的耐腐蚀性能，但 CeO_2 涂层惰性阳极存在着污染铝液和电流不稳定等问题。

1.2.1.3 ZnO 基阳极

Galasiu 等[35]研究了 ZnO 基惰性阳极材料，并尝试加入一些添加剂，如 SnO_2、Sb_2O_3、CuO、Fe_2O_3、Bi_2O_3、Cr_2O_3 和 ZrO_2 等对阳极进行改性。实验结果表明，掺杂1wt% ZrO_2 的 ZnO 基惰性阳极性能最好。Dewing 等人发现 ZnO 溶解机理是：

$$3ZnO + 2AlF_3 \longrightarrow 3ZnF_2 + Al_2O_3 \tag{1-3}$$

因此，熔盐中 Al_2O_3 浓度的提高将会降低 ZnO 的溶解度。

1.2.1.4　尖晶石基阳极

尖晶石类氧化物属于离子型化合物，立方晶系，面心立方点阵，通式为AB_2O_4，其结构示意图如图1-1所示。尖晶石构造系由等轴单元晶胞连接成架状，这种结构反应在形态上，通常是完好的八面体晶型。尖晶石构造中A—O、B—O是较强的离子键，各键静电强度相等，结构牢固，故尖晶石材料强度大，熔点高，化学稳定性好，在高温下对各种熔体的侵蚀有较强的抵抗性。由于属于立方晶系，它的导热性和热膨胀性在各个方向上都相同，且热膨胀系数小，有良好的热稳定性和电催化活性。在高温下，尖晶石材料对熔盐侵蚀具有较强的抵抗能力，是熔盐电化学研究和熔盐电池电极的可选材料。正是由于具有良好的热稳定性和对析氧反应有利的电催化活性（过电位低），尖晶石型氧化物成为较好惰性阳极备选材料。目前研究最多的尖晶石氧化物有$NiFe_2O_4$、$CoFe_2O_4$、$ZnFe_2O_4$以及$NiAl_2O_4$等。其中，以$NiFe_2O_4$基为代表的惰性阳极材料集中了金属材料优良的电子导电性和陶瓷材料的化学稳定性，这方面的研究和报道也是最多的[36~38]。

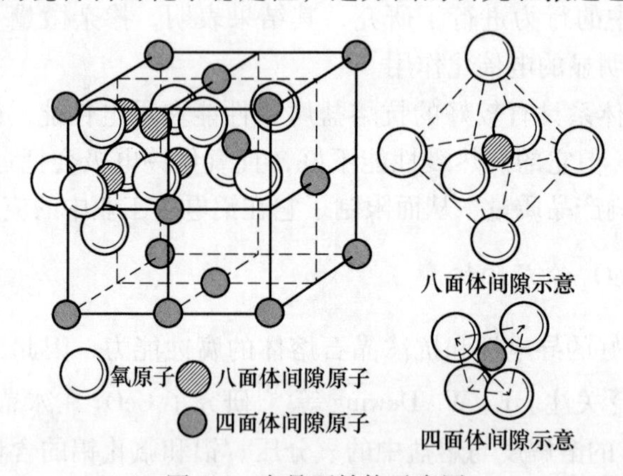

图1-1　尖晶石结构示意图

De Young等[39]针对Fe_2O_3、NiO和$NiFe_2O_4$在$NaF-AlF_3-CaF_2-Al_2O_3$熔盐中的溶解行为进行了研究，结果表明，NiO的溶解度不受熔盐分子比的影响，Fe_2O_3的溶解度随着分子比的降低而减小，而$NiFe_2O_4$在熔盐中的溶解度比前两者都低。Olsen等[40]对$NiFe_2O_4$阳极材料做了一些基础性的研究工作，主要包括阳极在电解质的溶解行为及腐蚀机理等。Horinoouchi[41]和Moleod[42]分别研究了$NiMn_2O_4$和$CoFe_2O_4$阳极在$Na_3AlF_6-Al_2O_3$熔盐体系中的电化学行为，并测定了电极上的析氧过电位与阳极表观电流密度之间的关系式。

东北大学的于先进、邱竹贤等[43]研究了$NiFe_2O_4$和$ZnFe_2O_4$等尖晶石材料，研究发现这两种尖晶石材料都具有高温半导体性质，随温度的升高，导电能力均有所提高，但纯的尖晶石材料的导电能力较差，不能满足作为电极的要求。同时

他们还考察了 $ZnFe_2O_4$ 惰性阳极在 $NaF-AlF_3-Al_2O_3$ 熔盐中的腐蚀行为，在低电流密度下，阳极材料的腐蚀速率随电流密度的增大而增大，当阳极电流密度为 0.5~0.75A/cm^2 时，腐蚀率最高，此后，腐蚀速率随电流密度的增大而降低。研究发现保持较高的阳极电流密度（>1.5A/cm^2），较高的氧化铝浓度和较低的分子比可以减少惰性阳极材料的腐蚀。王兆文等[44]以 $NiFe_2O_4$ 基惰性阳极在 100A 的电流下进行了 100h 的试验，电解温度为 900℃。计算得出阳极的腐蚀率为 18mm/a。文中指出，阳极是分步腐蚀的，阳极腐蚀层的热膨胀系数与阳极基体不同，导致了阳极在冷却过程中表面分层、剥离等现象。

1.2.2 金属阳极

金属阳极具有强度高、不脆裂、抗热震性好、良好的导电性、易于机械加工等优点，但也存在金属相易氧化、抗熔盐腐蚀性低等缺点。所以如何在合金阳极表面形成一层致密的、相对较薄且具有自修复能力的保护膜，是研究的重点。常见的金属阳极有 Cu-Ni、Cu-Al、Ni-Fe、Ni-Al-Fe-Cu-X 等。

1.2.2.1 Cu-Ni 合金阳极

Cu-Ni 合金具备优良的物理性能，如较高的电导率、较大的强度和较强的可塑性，因此此种合金成为了阳极材料的研究热点。Reidar Haugsud 对适合做金属阳极的富 Cu 和富 Ni 的 Cu-Ni 基系列合金进行了较系统的研究[45]，研究表明，使用富 Ni 的 Cu-Ni 合金做阳极，可以使合金表面生成具有保护性的 NiO 膜，这为合金阳极选材奠定了良好的基础。曹中秋发现，Cu-Cr-Ni 体系靠一层连续的 Cr_2O_3 膜保护，镍含量越高，抗氧化性越好[46]。

1.2.2.2 Cu-Al 合金阳极

J. N. Hryn 和 M. J. Pellin 对 Cu-Al 金属阳极进行了深入研究[47]，提出了“铝电解动态阳极”的概念，该阳极包括一个杯型合金容器，容器内装有含溶解铝的熔盐。在阳极极化条件下，金属阳极表面会形成连续致密的氧化铝膜，可保护阳极在电解过程中不受侵蚀。虽然氧化铝在电解过程中溶解于电解质中，但周期性的添加铝能够使氧化铝不断再生，可以保证阳极抗腐蚀能力不受影响。开发应用该类阳极材料的关键问题是如何控制膜的生成与溶蚀过程的动态平衡。

1.2.2.3 Ni-Fe 合金阳极

在研究 Ni-Fe 合金作为惰性阳极材料方面，J. J. Duruz 和 V. de Nora[48]提出了在金属表面上涂覆有多层黏附性的低电阻导电层的想法。该导电层是不渗透原子氧及分子氧的障碍层和电化学活性层，它能够使氧离子在阳极/电解质界面变为新生态的单原子氧。他们选用了一种富镍的镍铁合金阳极，成分为 Ni-30wt% Fe。该合金在 1100℃下的空气中预氧化 30min，形成一层一层与金属紧密结合的氧化物薄膜。采用这种阳极在 850℃下进行了 72h 的电解试验，电流密度为 0.6A/cm^2，电解质组成为过量 20wt% AlF_3 的冰晶石和 3wt% Al_2O_3，结果表明，铝产品中的铁杂质含量远低于 0.5wt%，降低电解温度后，可进一步降低铁杂质含量。在铝产品中只发现微量的 Ni。

1.2.2.4　Ni-Al-Fe-Cu-X 合金阳极

J. A. Sekhar 等[49]对 Ni-Al-Cu-Fe-Zn 合金阳极进行了研究，发现合金的最佳组成为 Ni-6Al-10Cu-11Fe-3Zn（wt%）。该种合金阳极的主要缺点是氧化速率很快，如何减缓合金的氧化速率是此类惰性阳极应用需要解决的一大问题。石忠宁等[50]研究了 Cu-Ni-Al、Cu-Ni-Fe 和 Cu-Ni-Cr 合金阳极。结果表明，Cu-Ni-Al 阳极具有优良的抗氧化性和抗腐蚀性，Cu-Ni-Fe 和 Cu-Ni-Al 阳极的氧化速率比纯铜和纯镍阳极的氧化速率慢。黄进峰等[51]对 Ni-Fe-Cr-Al 合金的氧化膜 Al_2O_3、Cr_2O_3 的保护性作了深入研究，认为高温下倾向于生成 Al_2O_3，低温下生成 Cr_2O_3。于先进等[52,53]对 Cu-Ni 基合金进行了高温氧化研究，认为该种合金添加少量 Al 可以作阳极材料。曾潮流等[54]研究了 Fe-Cr 合金在类冰晶石体系熔融 $(Li\text{-}K)_2CO_3$ 中的腐蚀行为，认为该材料的较强抗腐蚀性是由于氧化层内部形成了具有较好保护性能的连续富 Cr 氧化层。

目前，关于金属惰性阳极的研究，还是主要集中在材料的抗腐蚀上，常用的两种方法分别为：电极表面使用保护性涂层；在合金中添加铝的合金元素以便反应生成动态的氧化铝保护层。上述问题的解决还需要投入大量的研究工作。

1.3　$NiFe_2O_4$ 陶瓷惰性阳极的特点及研究进展

$NiFe_2O_4$ 是一种氧化物惰性阳极材料，作为一种具有尖晶石结构的陶瓷材料，其具有高温半导体性质，导电性能随温度的升高而增强。另外该材料在 Na_3AlF_6-Al_2O_3 熔盐中，表现出了比其他氧化物陶瓷更强的耐腐蚀性能，因此，相较于其他材料，$NiFe_2O_4$ 陶瓷综合性能较好[55]。但该材料也存在一些问题，主要表现在：（1）致密化问题。阳极材料的致密度过低，其抵抗高温铝电解质熔体的渗蚀作用较差，容易出现电解质渗透导致阳极开裂和肿胀等问题。（2）力学性能问题。阳极材料的强度较低和脆性较大，在外力作用下容易破损和开裂。（3）抗热震性问题。阳极材料的抗热震性能较差，导致阳极从室温放入 960℃的铝电解熔盐中，阳极表面及内部就会产生裂纹甚至断裂，增大了阳极受侵蚀的面积，熔盐易于侵蚀阳极内部，降低了阳极的耐腐蚀性，而且碎裂脱落的碎片造成沉淀将严重影响铝液的质量。

针对 $NiFe_2O_4$ 陶瓷基惰性阳极存在的问题，科研人员进行了一系列的研究。张雷等[56]通过优化制备工艺，尝试制备了大尺寸 $NiFe_2O_4$-10NiO/17Ni 型深杯状金属陶瓷惰性阳极材料（ϕ120mm×140mm），烧结坯的相对平均密度达到了95.21%。Zhongliang Tian、Hanbing He、曾涛等[57~59]针对 $NiFe_2O_4$ 基金属陶瓷的导电性和高温熔盐耐腐蚀性等电化学性能展开了深入研究，阐明了阳极在高温熔盐中的导电行为和阳极中金属元素扩散行为机制。罗伟红等[60]尝试向 $NiFe_2O_4$ 陶瓷材料中添加了铜镍合金粉。研究结果表明，合金粉的添加提高了试样的电导率和抗热震性。吴贤熙等[61]向 $NiFe_2O_4$ 陶瓷材料中添加了金属 Cu 粉及纳米 NiO，发现纳米第二相能够有效优化 $NiFe_2O_4$ 陶瓷基惰性阳极结构和综合性能。姚广春等[62,63]对 $NiFe_2O_4$ 陶瓷基惰性阳极材料进行了掺杂改性研究。结果表明，MnO_2、TiO_2、V_2O_5 等氧化物掺杂剂可有效改善阳极的结构，提高阳极的导电性及耐腐蚀性能。马佳等[64]考察了镀铜碳纤维添加剂对 $NiFe_2O_4$ 阳极材料性能的影响。研究结果表明，添加镀铜碳纤维，可显著降低阳极脆性，提高其抗弯强度，阳极材料的抗弯强度最高可提高22%。张淑婷等[65]通过研究发现，向 $NiFe_2O_4$ 材料中添加 SiC_f，不仅可以增强阳极材料的抗冲击韧性，也可以改善其抗热震性等其他力学性能，含2% SiC_f的试样冲击韧性比未添加试样提高了近65%。Lei Zhang等[66]向 $NiFe_2O_4$ 陶瓷基体中引入经过纳米 ZnO 改性的碳纤维后，发现材料的抗弯强度可提高70%。

上述各研究，多是针对 $NiFe_2O_4$ 陶瓷基惰性阳极存在问题，开展的添加剂掺杂研究，主要分析了掺杂对 $NiFe_2O_4$ 微观结构和宏观性能的影响，而关于更基础的烧结行为研究涉及不多。由于 $NiFe_2O_4$ 陶瓷基惰性阳极材料，主要通过固相烧结法制备，烧结条件对材料性能影响极其显著，因此有必要对其烧结行为进行系统分析。

1.4 $NiFe_2O_4$ 基惰性阳极材料的制备方法

$NiFe_2O_4$ 基惰性阳极材料主要通过高温烧结法进行制备，其基体材料的制备工艺流程如图1-2所示。

由式（1-4）可知，合成 $NiFe_2O_4$ 尖晶石时 NiO 和 Fe_2O_3 的摩尔比为1∶1，但适当提高 NiO 含量对提升 $NiFe_2O_4$ 的导电性和耐腐蚀性有益。在合成 $NiFe_2O_4$ 尖晶石基体材料时，一般适度提升 NiO 用量。

$$NiO(s) + Fe_2O_3 \longrightarrow NiFe_2O_4(s) \tag{1-4}$$

物料一般采用湿法混料，以去离子水为分散剂，按照3∶1（质量比）球-粉比例进行混料。

球磨后均匀浆料在100℃左右温度下彻底烘干，使物料中的水分尽量完全除掉，避免物料在烧结中由于水分的蒸发而在坯体中留下较多的气孔，影响烧结体

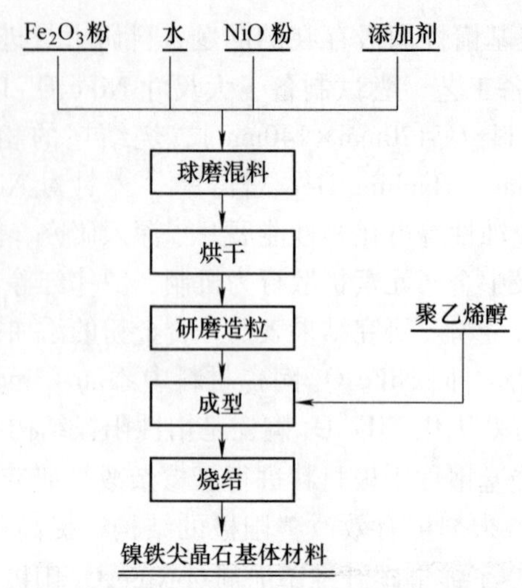

图 1-2　合成 $NiFe_2O_4$ 基体材料工艺流程图

的致密性和性能。

烘干后的原料研磨成粉末状，加入聚乙烯醇黏结剂混匀。然后利用标准筛造粒，有效的造粒可以促使原料粉体具有较狭窄的粒级分布范围，对陶瓷中晶粒的细化和分布均匀化有一定作用，还可以提高原料粉体在后续成型工艺过程中的塑性变形能力。

压制成型一般在 100MPa 以内，成型时压力越大，颗粒间接触越紧密，粉末体中孔隙越少。这样在烧结过程中物质的扩散路径减小，有利于烧结的进行。但成型压力过大时，会加剧坯体材料的内应力，在烧结过程中易开裂。

烧结过程可在如图 1-3 所示的烧结炉中进行，烧结是决定陶瓷制品显微结构和综合性能的关键工序，烧结过程中压坯经历一系列的物理化学变化。烧结初期是水分和有机物蒸发，以及应力消除的过程，继而是反应物颗粒间相互扩散、黏性流动和塑性流动、颗粒间发生反应、晶粒长大的过程。

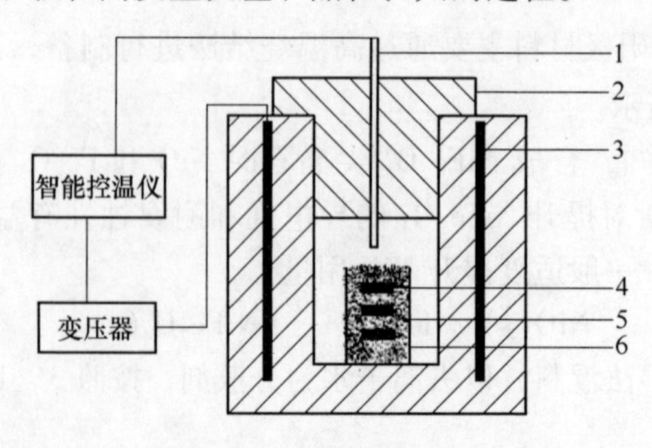

图 1-3　烧结炉示意图

1—热电偶；2—炉盖；3—硅钼棒；4—试样；5—金刚砂；6—石英坩埚

根据陶瓷的烧制原理，氧化物的烧结温度应稍高于其泰曼温度（约为其熔点的0.5~0.8倍）。因此，NiO 和 Fe_2O_3 的预烧结温度选在1000℃左右较合适。为了避免烧结过程中试样因受热不均而变形，烧结前将试样埋覆于炭化硅颗粒中，然后放入硅炭棒烧结炉内进行烧结，合成镍铁尖晶石基料。

添加剂掺杂 $NiFe_2O_4$ 惰性阳极的制备工艺流程如图1-4所示。

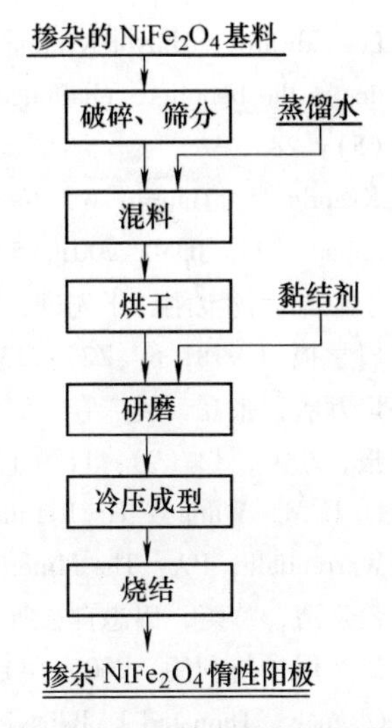

图1-4 添加剂掺杂 $NiFe_2O_4$ 阳极材料制备工艺流程图

将合成的尖晶石基料破碎、筛分后，加入一定量的黏结剂，冷压成型为坯体，然后进行二次烧结，合成氧化物掺杂的 $NiFe_2O_4$ 阳极试样。二次成型的压力在200MPa左右，保压时间5min左右，烧结的温度在1000~1400℃。

参 考 文 献

[1] Hall C M. Process of reducing aluminum from its fluoride salts by electrolysis: United States, 400664 [P]. 1886-7-9.

[2] Hall C M. Process of reducing aluminum by electrolysis: United States, 400766 [P]. 1886.

[3] 杨宝刚. 金属陶瓷基惰性阳极材料与铝基碱土金属合金的研制 [D]. 沈阳: 东北大学, 2000.

[4] 于先进, 邱竹贤, 金松哲. 铝电解用惰性阳极制品研究的发展概况 [J]. 淄博学院学报(自然科学与工程版), 1999, 1 (1): 55-60.

[5] 刘宜汉. 镍铁尖晶石基惰性阳极制品的研究 [D]. 沈阳: 东北大学, 2004.

[6] 刘业翔. 功能电极材料及其应用 [M]. 长沙: 中南工业大学出版社, 1996.

[7] 张刚. Cu-Ni-$NiFe_2O_4$ 金属陶瓷的制备与性能研究 [D]. 长沙: 中南大学, 2004.

[8] 张淑婷. 纤维增强 $NiFe_2O_4$ 基阳极材料的制备及性能研究 [D]. 沈阳: 东北大学, 2006.

[9] 秦庆伟, 赖延清, 张刚. 铝电解惰性阳极用 Ni-Zn 铁氧体的固态合成 [J]. 中国有色金属学报, 2003, 13 (3): 769-773.

[10] Bertaud Y, Gurtner B, Cohen J. Process for the continuous production of aluminum by the carbochlorination of alumina and igneous electrolysis of the chloride obtained: United States, 4597840 [P]. 1986-7-1.

[11] Rudolf P P. Inert anodes for the primary aluminum industry: An update [A]. Light Metals [C]. Warrendale, PA: The Minerals, Metals and Materials, 1996, 243-248.

[12] Les Edwards, Halvor Kvande. Inert anodes and other technology changes in the aluminum industry-the benefits, challenges and impact on present technology [J]. JOM, 2001, 53 (5): 28.

[13] Kvande H, Haupin W. Inert anodes for Al smelting: Energy balances and environmental impact [J]. JOM, 2001, 53 (5): 29-33.

[14] 于亚鑫，杨宝刚，于先进，等．锌铁和镍铁尖晶石材料的高温导电性 [J]. 中国有色金属学报，1998，8 (Z2)：336-337.

[15] 焦万丽，张磊，姚广春，等．$NiFe_2O_4$ 及添加 TiO_2 的尖晶石的烧结过程 [J]. 硅酸盐学报，2004，32 (9)：1150-1153.

[16] Lu H M, Wang Y H. Refining aluminum process in ionic liquids [A]. Light Metals [C]. Warrendale, PA: The Minerals, Metals and Materials, 2007, 391-396.

[17] 赖延清，黄蔚，田忠良，等．铝电解 $NiFe_2O_4$ 基金属陶瓷惰性阳极性能研究进展 [J]. 矿产保护与利用，2006 (4)：47-50.

[18] Olsen E, Thonstad J. Behaviour of nickel ferrite cermet materials as inert anodes [C]. Light Metals, Anaheim: The Minerals, Metals and Materials Society, 1996: 249-257.

[19] Keniry J. The economics of inert anodes and wettable cathodes for aluminium reduction cells [J]. JOM, 2001, 53 (5): 43-47.

[20] 于先进．铝冶金进展 [M]. 沈阳：东北大学出版社，2001：431-434.

[21] 陈喜平，刘凤琴．铝电解惰性阳极研究现状 [J]. 有色金属（冶炼部分），2002(4)：23-26.

[22] 周新林．电解铝用阳极研究进展综述 [J]. 青海科技，2004，10 (6)：25-27.

[23] Olsen E, Thonstad J. Nickel ferrite as inert anodes in aluminum electrolysis: Part Ⅰ material fabrication and preliminary testing [J]. Journal of Applied Electrochemistry, 1999, 29 (3): 293-299.

[24] Pawlek R P. Recent developments of inert anodes for the primary aluminum industry, Part Ⅰ [J]. Aluminum, 1995, 71 (2): 202-206.

[25] 吴贤熙．铝电解惰性阳极研究现状 [J]. 轻金属，2000，1：41-44.

[26] 杨宝刚，于佩志，于先进，等．电解铝用的惰性阳极制品 [J]. 轻金属，2000 (5)：32-34.

[27] Sadoway R D. Inert anodes for the Hall-heroult cell: The ultimate materials challenge [J]. Journal of the Minerals, Metals and Materials Society, 2001, 53 (5): 34-35.

[28] Pawlek R P. Inert anodes: An update [C]. Light Metals, Seattle: The Minerals, Metals and Materials Society, 2002: 449-456.

[29] 于先进．尖晶石基惰性阳极材料 [D]. 沈阳：东北大学，1997.

[30] Galasiu R. Influence of Ag_2O on the electrical and electrochemical properties of SnO_2-based inert anodes for aluminum electrolysis [A]. X Al Sympozium [C]. Tromso, Norway: 1995, 51-54.

[31] Cassyre L, Utigard T A, Bouvet S. Visualizing gas evolution on graphite and oxygen evolving anodes [J]. JOM, 2000, 54 (5): 140-149.

[32] Qiu Z X, Fan L M. The rate-determining step of metal loss in cryolite aluminum metals [A]. Light Metals [C]. Warreudale, PA: The Minerals, Metals and Materials Society, 1984, 789-804.

[33] Yang J H, Liu Y X, Wang H Z. The behaviour and improvement of SnO_2 based anodes in aluminum electrolysis [C]. Light Metals, Warreudale, PA: The Minerals, Metals and Materials Society, 1993: 493-495.

[34] Dewing E W. The chemistry of solution of CeO_2 in cryolite melts [J]. Metallurgical and Materials Transactions B, 1995, 26B (1): 81-86.

[35] Galasiu I. The influence of dopants on the electrical properties of the anodes: ZnO based inert anodes for aluminum electrolysis [C]. Norway: Proceedings of the ninth International Symposium on Light metal production, 1997: 189-194.

[36] Tian Z L, Lai Y Q, Li J, et al. Effect of Ni content on corrosion behavior of Ni/(10NiO-90$NiFe_2O_4$) cermet inert anode [J]. Transactions of Nonferrous Metals Society of China, 2008, 18 (2): 361-365.

[37] Pietrzyk S, Oblakowski R. Investigation of the concentration of the inert anodes in the bath and metal during aluminum electrolysis [C]. Light Metals, Warreudale, PA: The Minerals, Metals and Materials Society, 1999: 407-411.

[38] Ray S P. Composition for inert electrodes: U. S., 4399008 [P]. 1980-11-10.

[39] DeYoung D H. Solubilities of oxides for inert anodes in cryolite-based melts [C]. Light Metals, Warrendale: The Minerals, Metals and Materials Society, 1986: 299-307.

[40] Thonstad J, Olsen E. Cell operation and metal purity challenges for the use of inert anodes [J]. Journal of the Minerals, Metals and Materials Society, 2001, 53 (5): 36-38.

[41] Horinoouchi K. Electrochemistry properties of $NiMn_2O_4$ in cryolite [J]. 1st International symposium on molten salts chemistry and technology [C]. Tokyo: 1983, 299.

[42] Moleod A D. Electrochemistry properties of $CoFe_2O_4$ in cryolite [J]. Light Metals, Warrendale, PA: The Minerals, Metals and Materials Society, 1986: 309.

[43] 于先进，邱竹贤，于亚鑫．铁锌、铁镍尖晶石材料的高温导电性 [J]. 中国陶瓷，1998, 24 (1): 14-15.

[44] 王兆文，罗涛，高炳亮，等．镍铁尖晶石基金属陶瓷惰性阳极的研制 [J]. 稀有金属材料与工程，2005, 34 (1): 158-161.

[45] Reidar Haugsud. High-temperature oxidation of Ni-20wt% Cu from 700 to 1000℃ [J]. Oxidation of Metals, 2001 (5): 571-583.

[46] 曹中秋，牛焱，吴维雯．Cu-Cr-Ni 合金 800℃，0.1MPa 纯氧气中氧化 [J]. 金属学报，2000 (6): 647-650.

[47] Hryn J N, Pellin M J. A dynamic inert anode [C]. Light Metals, Warrendale, PA: The Minerals, Metals and Materials Society, 1999, 377-381.

[48] Duruz J J, Nora V de. Multi-layer non-carbon metal based anodes for aluminum production cells [P]. WO patent, 00/06, 800, 1999.

[49] Sekhar J A, Liu J, Deng H, et al. Graded non-consumable anode materials [C]. Light Met-

als, Warrendale, PA: The Minerals, Metals and Materials Society, 1998, 597-603.
[50] Shi Z N, Xu J L, Qiu Z X, et al. Copper-nickel superalloys as inert alloy anodes for aluminum electrolysis [J]. JOM, 2003, 55 (11): 63-65.
[51] Huang J F. High-temperature oxidation bahavior and mechanism of a new type of wrought Ni-Fe-Cr-Al superalloy up to 1300℃ [J]. Oxidation of Metals, 2000, 53 (3/4): 273-287.
[52] 曹中秋，牛焱，吴维弢，等. 晶粒尺寸对 Cu-60Ni 合金的高温氧化行为影响 [J]. 腐蚀科学与防护学报，2000，13 (2): 363-365.
[53] 赵泽良. Cu-15Ni-15Ag 合金在 600~700℃空气中的氧化 [J]. 腐蚀科学与防护学报，2000，13 (4): 187-191.
[54] 曾潮流，王文，吴维弢. Fe-Cr 合金在650℃熔盐 $(Li\text{-}K)_2CO_3$ 中的腐蚀行为 [J]. 金属学报，2000，36 (6): 651-654.
[55] 赖延清，田忠良，秦庆伟，等. 复合氧化物陶瓷在 Na_3AlF_6-Al_2O_3 熔体中的溶解性 [J]. 中南工业大学学报（自然科学版），2003，34 (3): 245-248.
[56] 张雷，李志友，周科朝，等. 大尺寸 $NiFe_2O_4$-10NiO/17Ni 型金属陶瓷惰性阳极的制备 [J]. 中国有色金属学报，2008，18 (2): 294-300.
[57] Zhongliang Tian, Yanqing Lai, Jie Li, et al. Effect of Ni content on corrosion behavior of Ni/(10NiO-90$NiFe_2O_4$) cermet inert anode [J]. Transactions of Nonferrous Metals Society of China, 2008, 18 (2): 361-365.
[58] Hanbing He, Yuan Wang, Jiaju Long, et al. Corrosion of $NiFe_2O_4$-10NiO-based cermet inert anodes for aluminium electrolysis [J]. Transactions of Nonferrous Metals Society of China, 2013, 23 (12): 3816-3821.
[59] 曾涛，薛济来，朱骏，等. $NiFe_2O_4$+Co_3O_4 惰性阳极高温导电性的研究 [C]. 有色金属工业科技创新——中国有色金属学会第七届学术年会论文集，2008: 10.
[60] 罗伟红，宋宁，谢刚，等. 铜镍合金/$NiFe_2O_4$-10NiO 复合陶瓷惰性阳极的制备及其性能研究 [J]. 矿冶，2013，22 (2): 84-87.
[61] 吴贤熙，吴松，罗琨琳. 铝电解惰性阳极用纳米复合金属陶瓷研制 [J]. 轻金属，2014，4: 27-30.
[62] Jinhui Xi, Yingjie Xie, Guangchun Yao, et al. Effect of additive on corrosion resistance of $NiFe_2O_4$ ceramics as inert anodes [J]. Transactions of Nonferrous Metals Society of China, 2008, 18: 356-360.
[63] 席锦会，姚广春，刘宜汉. 预烧温度对掺杂 TiO_2、MnO_2 的镍铁尖晶石惰性阳极微观形貌和性能的影响 [J]. 材料导报，2005，19 (10): 133-135.
[64] 马佳，姚广春，曹卓坤，等. 纤维/$NiFe_2O_4$复合陶瓷惰性阳极的制备及性能 [J]. 中国有色金属学报，2009，19 (8): 1455-1461.
[65] 张淑婷，姚广春. SiC_f增强 $NiFe_2O_4$ 复合材料的力学性能 [J]. 有色金属学报，2006，16 (9): 1589-1594.
[66] Lei Zhang, Wanli Jiao. Preparation and performance of ZnO nanowires modified carbon fibers reinforced $NiFe_2O_4$ ceramic matrix composite [J]. Journal of Alloys and Compounds, 2013, 581: 11-15.

2 $NiFe_2O_4$ 体系烧结热力学

高温条件下，烧结过程中的固相反应，不仅取决于参与固相反应的各氧化物的数量及接触条件（烧结料的粒度及混匀情况），同时也受固相反应本身的热力学条件的影响，即反应进行的温度水平及反应进行所需要克服的能障（活化能）等。热力学研究能提供反应在一定条件（例如温度、压力、浓度等）下能否发生，进行方向以及所能达到的最大限度的信息。从而可以通过控制反应过程的条件，调控反应最终产物及其结构，并预测和探索反应过程，通过热力学数据来研究反应机理。$NiFe_2O_4$ 基惰性阳极材料合成过程中的化学反应错综复杂，应用热力学原理，可以创造条件使希望的化学反应得以进行，同时阻止或减弱无益的化学反应。

2.1 $NiO-Fe_2O_3$ 体系的热力学分析

NiO 和 Fe_2O_3 是合成 $NiFe_2O_4$ 基惰性阳极的基础原料，对 $NiO-Fe_2O_3$ 体系进行热力学分析，可以从理论上初步了解它们发生反应的热力学条件。

标态下的吉布斯自由能（$\Delta G^{\ominus}$）体现反应的可能性或反应趋势[1]。吉布斯自由能计算如式（2-1）所示：

$$\Delta G_T^{\ominus} = \Delta H_T^{\ominus} - T\Delta S_T^{\ominus} \tag{2-1}$$

其中，

$$\Delta H_T^{\ominus} = \Delta H_{298}^{\ominus} + \int_{298}^{T} \Delta C_P \mathrm{d}T \tag{2-2}$$

$$\Delta S_T^{\ominus} = \Delta S_{298}^{\ominus} + \int_{298}^{T} \frac{\Delta C_P}{T} \mathrm{d}T \tag{2-3}$$

由恒压热容公式得到：

$$C_P = a + bT + cT^{-2} + dT^2 \tag{2-4}$$

$$\Delta C_P = \Delta a + \Delta bT + \Delta cT^{-2} + \Delta dT^2 \tag{2-5}$$

将式（2-2）和式（2-3）代入式（2-1），得到：

$$\Delta G_T^{\ominus} = \Delta H_{298}^{\ominus} - T\Delta S_{298}^{\ominus} - T\int_{298}^{T} \frac{\mathrm{d}T}{T^2} \int_{298}^{T} \Delta C_P \mathrm{d}T \tag{2-6}$$

式中，$\Delta H_T^{\ominus}$ 为物质在温度 T 下的标准焓变，J/mol；$\Delta S_T^{\ominus}$ 为物质在温度 T 下的标准熵变，J/(K · mol)；ΔC_P 为恒压热容差，J/(K · mol)。

上述用积分法求出的 $\Delta G^{\ominus}$ 与 T 的关系式为多项式，为方便计算，通常把 $\Delta G^{\ominus}$ 与 T 的多项式简化成 $\Delta G^{\ominus}=A+BT$ 的二项式形式，B 为斜率，可将 B 作为某反应式自由能变化对温度的敏感性。并且大量数据表明，该二项式的计算值和多项式的计算值相比，两者相差不大。

为便于分析，将 $NiO\text{-}Fe_2O_3$ 体系可能发生的反应列于表 2-1 中，各反应的标准吉布斯自由能与温度的关系如图 2-1 所示。

表 2-1　$NiO\text{-}Fe_2O_3$ 体系可能发生的反应

序号	反应方程式	$\Delta G^{\ominus}/J\cdot mol^{-1}$	$\ln(P_{O_2}/P^{\ominus})$	温度范围/K
1	$NiO(s)+Fe_2O_3(s)=NiFe_2O_4(s)$	$-19900-3.77T$		855~1700
2	$Fe_2O_3(s)=2/3Fe_3O_4(s)+1/6O_2(g)$	$79609-46.2T$	$33.34-57451.77/T$	298~1735
3	$Fe_3O_4(s)=3FeO(s)+1/2O_2(g)$	$311120-113.61T$	$27.33-74842.43/T$	298~1650
4	$Fe_3O_4(s)=3FeO(l)+1/2O_2(g)$	$405134-170.61T$	$41.04-97458.26/T$	1650~1870
5	$FeO(s)=Fe(s)+1/2O_2(g)$	$264000-64.59T$	$15.54-63507.34/T$	298~1650
6	$FeO(l)=Fe(l)+1/2O_2(g)$	$256060-53.68T$	$12.91-61597.31/T$	1650~2273
7	$4FeO(s)=Fe(s)+Fe_3O_4(s)$	$-47120+49.02T$		298~1650
8	$4FeO(l)=Fe(s)+Fe_3O_4(s)$	$-172472+125.02T$		1650~1809
9	$4FeO(l)=Fe(l)+Fe_3O_4(s)$	$-158672+117.41T$		1809~1870
10	$NiO(s)=Ni(s)+1/2O_2(g)$	$232450-83.59T$	$20.11-55917.73/T$	298~1726
11	$NiO(s)=Ni(l)+1/2O_2(g)$	$247650-92.22T$	$22.18-59574.21/T$	1726~2228
12	$3Ni(s)+Fe_2O_3(s)=3NiO(s)+2Fe(s)$	$117673+0.35T$		298~1726

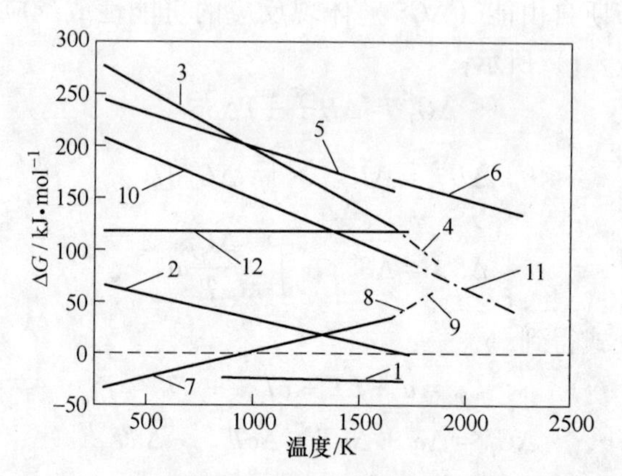

图 2-1　$NiO\text{-}Fe_2O_3$ 体系可能发生反应的标准吉布斯自由能与温度关系

由图 2-1 可以看出，在一个大气压下，反应 1 的标准吉布斯自由能随着反应温度的升高而降低，在对应的反应温度范围内始终小于零（-23.123~-26.309kJ/mol）。这说明，在 855~1700K 内，$NiO(s)$ 与 $Fe_2O_3(s)$ 合成 $NiFe_2O_4(s)$

的反应可以始终正向进行，升高温度，会增大合成反应的反应趋势。

反应 2 的标准吉布斯自由能随着反应温度的升高而逐渐减小，但在 298～1725K 温度区间内 $\Delta G^{\ominus}>0$，该反应不能正向进行。当反应温度高于 1725K 时，吉布斯自由能变为负值，即 $Fe_2O_3(s)$ 分解为 $Fe_3O_4(s)$ 和 $O_2(g)$ 的反应能够正向进行。反应 3 的标准吉布斯自由能随着反应温度的升高而降低，但在对应的反应温度范围内始终大于零，因此，$Fe_3O_4(s)$ 分解为 $FeO(s)$ 和 $O_2(g)$ 的反应不能正向进行。当反应温度高于 1650K，FeO 由固态转变为液态，由反应 3 过渡到反应 4，其标准吉布斯自由能在对应的反应温度范围内持续减小，但始终大于零，反应 4 在 1650～1870K 温度范围同样不能正向进行。反应 5 的吉布斯自由能也随反应温度的升高而降低，当温度达到 1650K，FeO 由固态转变为液态，反应 5 过渡到反应 6，反应 5 和反应 6 在对应的反应温度范围内的吉布斯自由能始终大于零，因此，FeO 分解为 Fe 和 O_2 的反应在 298～3000K 温度范围不能正向进行。反应 7 在 298～961K 范围内，$-32.512\text{kJ/mol} < \Delta G^{\ominus} < 0\text{kJ/mol}$，即反应能够正向进行，当温度高于 961K 时，其吉布斯自由能变为正值，过渡到反应 8 和反应 9 后其吉布斯自由能始终为正值，因此，FeO 分解为 Fe 和 Fe_3O_4 的反应在 298～961K 温度范围能够正向进行，在 961～1870K 温度范围不能正向进行。反应 10 的吉布斯自由能随着反应温度的升高而降低，但始终大于零，当反应温度高于 1726K，Ni 由固态转变为液态，反应 10 过渡到反应 11，在反应温度范围内其吉布斯自由能始终为正值，因此，NiO 分解为 Ni 和 O_2 的反应在 298～2228K 温度范围不能正向进行。反应 12 在反应温度范围内其吉布斯自由能始终为正值，Ni(s) 和 $Fe_2O_3(s)$ 在 298～1726K 温度范围不能反应生成 NiO(s) 和 Fe(s)。

综上所述可知，根据反应的 $\Delta G^{\ominus}$ 正负判断可知，NiO(s) 和 $Fe_2O_3(s)$ 合成 $NiFe_2O_4(s)$ 的反应在 855～1700K 温度范围内能够正向进行。$Fe_2O_3(s)$ 分解生成 $Fe_3O_4(s)$ 和 $O_2(g)$ 的反应在 1725～1735K 范围内能够进行。FeO(s) 分解产生 Fe(s) 和 $Fe_3O_4(s)$ 的反应在 298～961K 范围内能够进行。

一般来说，$\Delta G^{\ominus}$ 的正负不能指示化学反应的自发方向，在恒温、恒压条件下进行的化学反应，其反应方向和限度可以用范特霍夫等温方程来判断。范特霍夫等温方程可以表示如下：

$$\Delta G = \Delta G^{\ominus} + RT\ln J_a \tag{2-7}$$

其中

$$\Delta G^{\ominus} = -RT\ln K_a \tag{2-8}$$

式（2-7）可以写作：

$$\Delta G = -RT\ln K_a + RT\ln J_a = RT\ln\left(\frac{J_a}{K_a}\right) \tag{2-9}$$

式中，ΔG 为温度 T 下的非标准状态反应自由能；$\Delta G^{\ominus}$ 为同一化学反应的标准状态反应自由能；K_a 为平衡常数；J_a 为实际条件下产物组分与反应物组分的“广义”活度比。

$$J_a = \frac{\prod_{j=1}^{m} a_j^{\nu_j}}{\prod_{i=1}^{n} a_i^{\nu_i}} \tag{2-10}$$

式（2-10）中，a_j和a_i分别表示产物和反应物的“广义”活度，ν_j和ν_i分别表示化学反应式中产物和反应物组分的化学计量系数。J_a的具体表达形式根据组分的形态和标准状态的选择而定。

当反应达到平衡状态时，$\Delta G=0$，即

$$\Delta G^{\ominus} + RT\ln J_{平衡} = 0 \tag{2-11}$$

令 $J_{平衡} = K_a$，K_a 为平衡常数。

$$\Delta G^{\ominus} = -RT\ln K_a \tag{2-12}$$

对于气相体系

$$K_a = \prod \left(\frac{p_i}{p^{\ominus}}\right)^{\nu_i} \tag{2-13}$$

对于纯固相体系 i，活度 a_i定义为1；$K_a=1$。

依照式（2-8），由 K_a 可以表征化学反应的限度，$\Delta G^{\ominus}$是表示化学反应进行限度的量。常温下，$\Delta G^{\ominus}$的绝对值很大时，$\Delta G^{\ominus}$的正负就能决定 ΔG 的正负，这种情况下可以用 $\Delta G^{\ominus}$来判断化学反应的方向。对于高温条件，温度 T 的数值对 $RT\ln J_a$ 的影响很大，不宜用 $\Delta G^{\ominus}$ 的正负来判断化学反应的方向。但对于 NiO-Fe_2O_3 体系的主体反应：$NiO(s) + Fe_2O_3(s) = NiFe_2O_4(s)$ 为纯固态反应，$J_a=1$，$\Delta G=\Delta G^{\ominus}$，用 $\Delta G^{\ominus}$的正负来判断该化学反应的方向仍然适用。

NiO-Fe_2O_3 体系的有些反应中有气相参与，其反应的方向和限度不仅受温度的影响，还受氧分压的影响。由表 2-1 可知，反应 2~反应 6、反应 10 和反应 11 中有气相参与，因此，在研究温度对其反应方向和限度的基础上，进一步研究氧分压对其反应方向和限度的影响。

根据式（2-7）~式（2-13），得出 $\ln(P_{O_2}/P^{\ominus})$ 与温度 T 的关系，如图 2-2 所示。由图 2-2 可知，当反应在 298~1735K 温度范围，反应 2 的平衡氧分压最高，即随着体系氧分压的降低，Fe_2O_3 最先可能分解成 Fe_3O_4 和 O_2。

反应 2 在 1000~1400℃ 温度范围内能否进行会直接影响合成 $NiFe_2O_4$ 的反应。为了更准确地判断 NiO-Fe_2O_3 体系中反应 2 的进行情况，利用式（2-11）~式（2-13）来计算 $Fe_2O_3(s)$ 分解生成 $Fe_3O_4(s)$ 和 $O_2(g)$ 的反应分别在 1000~1400℃ 温度区间的平衡氧分压 P_{O_2}，得到该反应的平衡氧分压 P_{O_2} 为-0. 12~4. 57Pa，只要在上述温度条件下保证实际氧分压 $P'_{O_2} > P_{O_2}$（平衡氧分压），使得 $\Delta G>0$，$Fe_2O_3(s)$ 的分解反应就不会向正向进行。在一个大气压下进行固相烧结，完全能保证合成 $NiFe_2O_4$ 反应的正向进行。

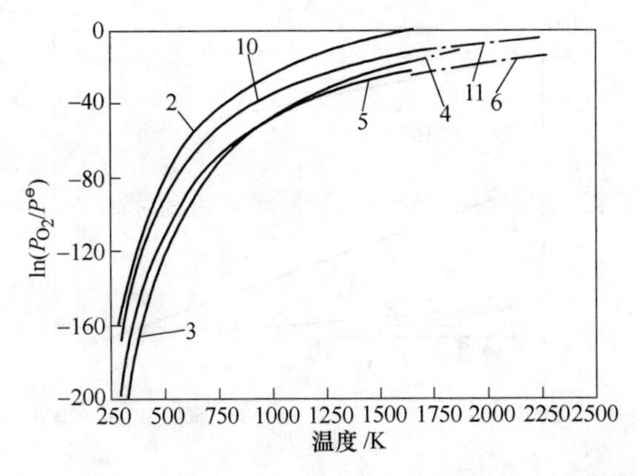

图 2-2 $NiO-Fe_2O_3$ 体系可能发生反应的平衡氧分压与温度关系

2.2 $NiO-Fe_2O_3-MnO_2$ 体系的热力学分析

$NiO-Fe_2O_3-MnO_2$ 体系可能发生的部分反应以及对应的温度范围、标态下的吉布斯自由能与温度的关系见表 2-2 和图 2-3。

表 2-2 $NiO-Fe_2O_3-MnO_2$ 体系可能发生的部分反应

序号	反应方程式	$\Delta G^{\ominus}$/J · mol^{-1}	$\ln(P_{O_2}/P^{\ominus})$	温度范围/K
13	$MnO_2(s) = 1/2Mn_2O_3(s) + 1/4O_2(g)$	$41500 - 54.98T$	$26.45 - 19966.32/T$	298 ~ 1000
14	$Mn_2O_3(s) = 2/3Mn_3O_4(s) + 1/6O_2(g)$	$35307 - 28.60T$	$20.64 - 25480.15/T$	298 ~ 1400
15	$Mn_3O_4(s) = 3MnO(s) + 1/2O_2(g)$	$225560 - 133.42T$	$32.09 - 54260.28/T$	298 ~ 1833
16	$MnO(s) = Mn(s) + 1/2O_2(g)$	$385360 - 73.75T$	$17.74 - 92701.47/T$	298 ~ 1400
17	$MnO(s) + Fe_2O_3(s) = MnFe_2O_4(s)$	$-15893 + 0.84T$		298 ~ 1000
18	$MnO_2(s) = 1/3Mn_3O_4(s) + 1/3O_2(g)$	$59154 - 69.28T$	$24.99 - 21344.96/T$	298 ~ 1000
19	$Mn_2O_3(s) = 2MnO(s) + 1/2O_2(g)$	$185680 - 117.55T$	$28.28 - 44666.83/T$	298 ~ 1400

由图 2-3 可知，在一个大气压下，反应 13~反应 15 和反应 18 在反应温度较低时不能正向进行，随着反应温度的升高其吉布斯自由能逐渐减小，当温度分别高于 755K、1235K、1691K 和 854K 时吉布斯自由能分别变为负值，即反应能够正向进行。反应 16 在对应的温度范围吉布斯自由能始终大于零，即反应都不能正向进行。反应 17 在对应的反应温度范围内，其标准吉布斯自由能小于零，因此，MnO 和 Fe_2O_3 合成 $MnFe_2O_4$(s) 的反应在 298~1838K 温度范围一直正向进行。反应 19 的标准吉布斯自由能随着反应温度的升高而降低，但在对应的反应温度范围内始终大于零，故 Mn_2O_3(s) 不能直接分解生成 MnO(s)。上述分析表

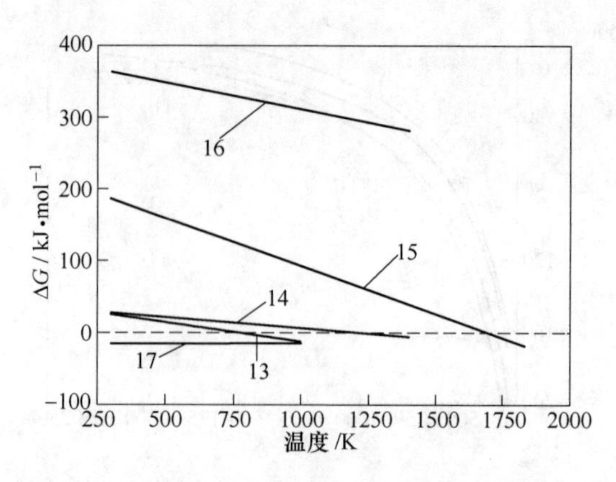

图 2-3　$NiO-Fe_2O_3-MnO_2$ 体系可能发生的部分反应标准吉布斯自由能与温度关系

明，当反应温度高于 755K，$MnO_2(s)$ 分解为 $Mn_2O_3(s)$ 和 $O_2(g)$；当反应温度高于 1234K，$Mn_2O_3(s)$ 进一步分解为 $Mn_3O_4(s)$ 和 $O_2(g)$；当反应在 1691~1833K 温度范围，$Mn_3O_4(s)$ 最终分解为 $MnO(s)$ 和 $O_2(g)$。反应 18 在较低温度时不能正向进行，当温度高于 853.84K 时，吉布斯自由能变为负值，反应能够正向进行。反应 19 在对应的温度范围内吉布斯自由能始终大于零，即该反应都不能正向进行。

由表 2-2 可知，反应 13~反应 16 同时受反应温度和氧分压的影响。图 2-4 所示为 $\ln(P_{O_2}/P^{\ominus})$ 与温度 T 的关系图。从图 2-4 中可以看出，反应 13~反应 15 的平衡氧分压均高于反应 2 的平衡氧分压，即在对应的温度范围内体系的氧分压降低到反应 2 的平衡氧分压时，可能会发生下列反应，MnO_2 先分解为 Mn_2O_3，进一步分解为 Mn_3O_4，最终分解为 MnO。

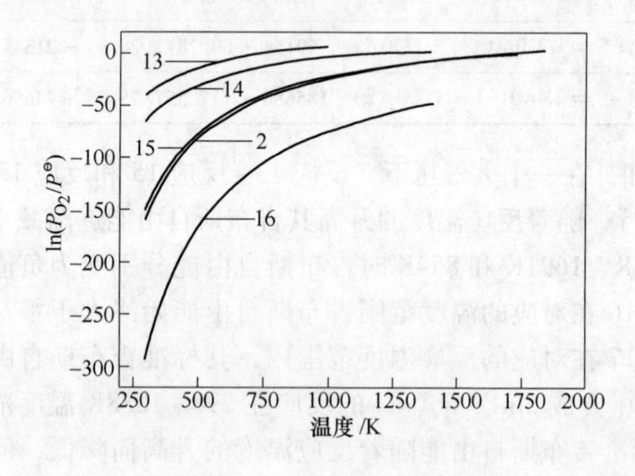

图 2-4　$NiO-Fe_2O_3-MnO_2$ 体系可能发生反应的平衡氧分压与温度关系

2.3 $NiO-Fe_2O_3-V_2O_5$ 体系的热力学分析

$NiO-Fe_2O_3-V_2O_5$ 体系可能发生的反应包含 $NiO-Fe_2O_3$ 体系的 12 个可能反应（表 2-1），前面已经做了详细讨论。结合表 2-1 的 12 个可能反应，新体系中与 V_2O_5 相关的可能发生的反应共计 13 个，各反应对应的温度范围、标态下的吉布斯自由能与温度的关系列入表 2-3。

表 2-3 $NiO-Fe_2O_3-V_2O_5$ 体系可能发生的部分反应

序号	反应方程式	$\Delta G^{\ominus}/J \cdot mol^{-1}$	$\ln(P_{O_2}/P^{\ominus})$	温度范围/K
20	$V_2O_5(s) = 2V(s) + 5/2O_2(g)$	$1511830 - 389.9T$	$18.76 - 72736.59/T$	298 ~ 943
21	$V_2O_5(l) = 2V(s) + 5/2O_2(g)$	$1447400 - 321.58T$	$15.47 - 69636.76/T$	943 ~ 2273
22	$V_2O_5(s) = 2VO_2(s) + 1/2O_2(g)$	$99230 - 79.28T$	$19.07 - 23870.58/T$	298 ~ 943
23	$V_2O_5(l) = 2VO_2(s) + 1/2O_2(g)$	$34800 - 10.96T$	$2.64 - 8371.42/T$	943 ~ 1633
24	$V_2O_5(s) = V_2O_3(s) + O_2(g)$	$308930 - 152.37T$	$18.33 - 37157.81/T$	298 ~ 943
25	$V_2O_5(l) = V_2O_3(s) + O_2(g)$	$244500 - 84.05T$	$10.11 - 29408.23/T$	943 ~ 2175
26	$V_2O_5(s) = 2VO(s) + 3/2O_2(g)$	$662430 - 229.82T$	$18.43 - 53117.63/T$	298 ~ 943
27	$V_2O_5(l) = 2VO(s) + 3/2O_2(g)$	$598000 - 161.5T$	$12.95 - 47951.25/T$	943 ~ 1973
28	$VO_2(s) = V(s) + O_2(g)$	$706300 - 155.31T$	$18.68 - 84953.09/T$	298 ~ 1633
29	$V_2O_3(s) = 2V(s) + 3/2O_2(g)$	$1202900 - 237.53T$	$19.05 - 96455.78/T$	298 ~ 2175
30	$VO(s) = V(s) + 1/2O_2(g)$	$424700 - 80.04T$	$19.25 - 102165.02/T$	298 ~ 1973
31	$Fe(s) + 1/2O_2(g) + V_2O_3(s) = FeV_2O_4(s)$	$-288700 + 62.34T$		1023 ~ 1809
32	$Fe(l) + 1/2O_2(g) + V_2O_3(s) = FeV_2O_4(s)$	$-301250 + 70.0T$		1809 ~ 1973

为了更直观的描述 $NiO-Fe_2O_3-V_2O_5$ 体系可能发生的反应在标态下的吉布斯自由能-温度（$\Delta G^{\ominus}-T$）间的关系，我们做出了相应反应的标准吉布斯自由能与温度间的关系图，如图 2-5 所示。从图 2-5 可以看出，在一个大气压下，反应 20 在 298~943K 温度范围内的标准吉布斯自由能随着反应温度的升高而降低，但在对应的反应温度范围内始终大于零；当反应温度高于 943K，V_2O_5 由固态转变为液态，由反应 20 过渡到反应 21，其标准吉布斯自由能在对应的反应温度范围内持续减小，但始终大于零，故 $V_2O_5(s)$ 分解为 V(s) 和 $O_2(g)$ 的反应在 298~2273K 温度范围不能正向进行。反应 22 的吉布斯自由能随着反应温度的升高而降低，当反应温度高于 943K，V_2O_5 由固态转变为液态，反应 22 过渡到反应 23；但是反应 22 和反应 23 在对应的反应温度范围内的吉布斯自由能始终大于零，因此，V_2O_5 分解为 $VO_2(s)$ 和 $O_2(g)$ 的反应在 298~1633K 温度范围不能正向进行。反应 24 在反应温度 298~943K 范围内，$\Delta G^{\ominus}>0kJ/mol$，即反应不能够正向

进行；当温度高于943K时，反应24过渡到反应25，其吉布斯自由能始终为正值，因此，$V_2O_5(s)$ 分解为 $V_2O_3(s)$ 和 $O_2(g)$ 的反应在298~2175K温度范围不能够正向进行。反应26的吉布斯自由能随着反应温度的升高而降低，但始终大于零，当反应温度高于943K，V_2O_5 由固态转变为液态；反应26过渡到反应27，在反应温度范围内其吉布斯自由能始终为正值，因此，V_2O_5 分解为VO和 O_2 的反应在298~1973K温度范围不能正向进行。反应28~反应30在反应温度范围内的标准吉布斯自由能始终为正值，即反应都不能正向进行。尽管反应31在1023~1809反应温度范围内的标准吉布斯自由能随着温度的升高而增大，但仍然小于零，反应能够正向进行；当反应温度高于1809K时，反应31过渡到反应32，在反应温度范围内其吉布斯自由能始终为负值，因此反应31和反应32在对应的温度范围内始终能够正向进行。

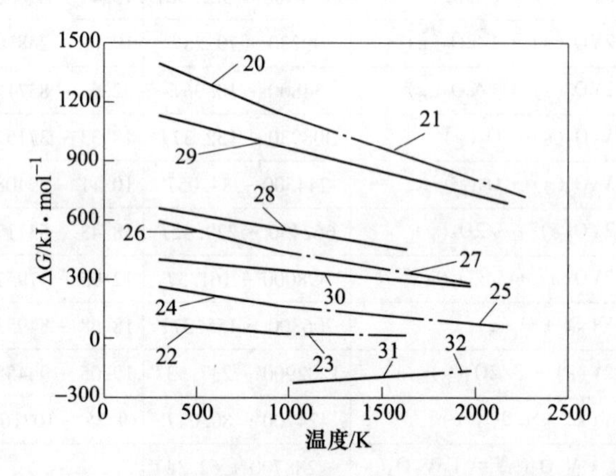

图2-5 $NiO\text{-}Fe_2O_3\text{-}V_2O_5$ 体系可能发生的部分反应标准吉布斯自由能与温度关系

由表2-3可知，反应13~反应30不仅受温度的影响，还受氧分压的影响。图2-6所示为上述反应的 $\ln(P_{O_2}/P^{\ominus})$ 与温度 T 关系图。由图2-6可知，当反应温

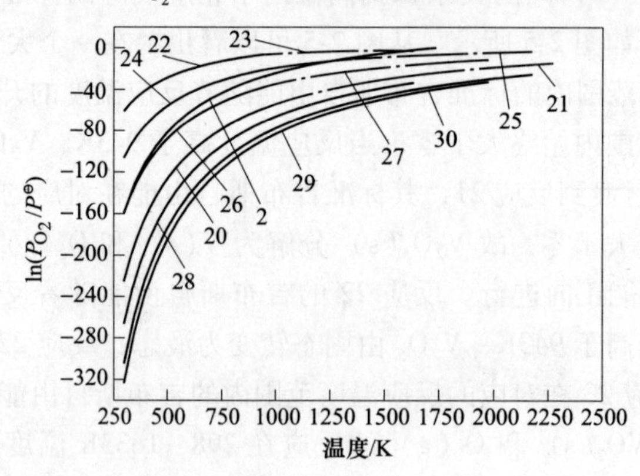

图2-6 $NiO\text{-}Fe_2O_3\text{-}V_2O_5$ 体系可能发生反应的平衡氧分压与温度关系

度低于1599K，反应22～反应25的平衡氧分压高于反应2的平衡氧分压，即在对应的温度范围内体系氧分压降低到反应2的平衡氧分压时，V_2O_5 可能发生反应分解为 VO_2 和 V_2O_3。

2.4 $NiO-Fe_2O_3-TiO_2$ 体系的热力学分析

$NiO-Fe_2O_3-TiO_2$ 体系可能发生的反应包含 $NiO-Fe_2O_3$ 体系的12个可能反应（表2-1），前面已经做了详细讨论。结合表2-1的12个可能反应，新体系中与 TiO_2 相关的可能发生的反应共计15个，各反应对应的温度范围、标态下的吉布斯自由能与温度的关系列入表2-4。

表2-4 $NiO-Fe_2O_3-TiO_2$ 体系可能发生的部分反应

序号	反应方程式	$\Delta G^{\ominus}$/J · mol^{-1}	$\ln(P_{O_2}/P^{\ominus})$	温度范围/K
33	$TiO_2(s) = Ti(s) + O_2(g)$	941000 − 177.57T	21.36 − 113182.58/T	298 ~ 1943
34	$TiO_2(s) = TiO(s) + 1/2O_2(g)$	426400 − 103.47T	24.89 − 102573.97/T	298 ~ 1943
35	$TiO(s) = Ti(s) + 1/2O_2(g)$	514600 − 74.1T	17.83 − 123791.19/T	298 ~ 1943
36	$Ti_2O_3(s) = 2TiO(s) + 1/2O_2(g)$	472900 − 109.9T	26.44 − 113759.92/T	298 ~ 1943
37	$Ti_3O_5(s) = 3TiO(s) + O_2(g)$	891300 − 198.2T	23.84 − 107204.71/T	298 ~ 1943
38	$Ti_2O_3(s) = 2Ti(s) + 3/2O_2(g)$	1502100 − 258.1T	20.70 − 120447.44/T	298 ~ 1943
39	$Ti_3O_5(s) = 3Ti(s) + 5/2O_2(g)$	2435100 − 420.5T	20.23 − 117156.60/T	298 ~ 1943
40	$TiO_2(s) = 1/2Ti_2O_3(s) + 1/4O_2(g)$	189950 − 48.52T	23.34 − 91388.02/T	298 ~ 1943
41	$TiO_2(s) = 1/3Ti_3O_5(s) + 1/6O_2(g)$	129300 − 37.40T	26.99 − 93312.48/T	298 ~ 1943
42	$Ti_3O_5(s) = 3/2Ti_2O_3(s) + 1/4O_2(g)$	181950 − 33.36T	16.05 − 87539.09/T	298 ~ 1943
43	$TiO_2(s) + NiO(s) = NiTiO_3(s)$	− 18000 + 8.4T		750 ~ 1700
44	$3Ni(s) + Ti(s) = Ni_3Ti(s)$	− 146400 + 26.4T		298 ~ 1651
45	$Ni(s) + Ti(s) = NiTi(s)$	− 66900 + 11.7T		298 ~ 1513
46	$2FeO(s) + TiO_2(s) = Fe_2TiO_4(s)$	− 33900 + 5.86T		298 ~ 1373
47	$FeO(s) + TiO_2(s) = FeTiO_3(s)$	− 33500 + 12.13T		298 ~ 1573

为了更直观地描述 $NiO-Fe_2O_3-TiO_2$ 体系可能发生的反应在标态下的吉布斯自由能-温度（$\Delta G^{\ominus}$-T）间的关系，我们做出了相应反应的标准吉布斯自由能与温度间的关系图，如图2-7所示。从图2-7可以看出，在一个大气压下，反应33～反应42在各自对应温度范围内的标准吉布斯自由能始终大于零，即反应不能正向进行。反应43～反应47在各自对应温度范围内的标准吉布斯自由能始终小于零，即都能正向进行。

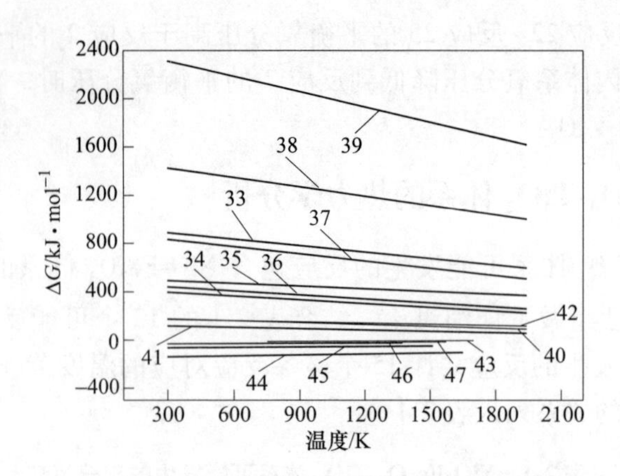

图 2-7　$NiO-Fe_2O_3-TiO_2$ 体系可能发生的部分反应标准吉布斯自由能与温度关系

由表 2-4 可知，反应 33 ~ 反应 42 不仅受温度的影响，还受氧分压的影响。图 2-8 所示为上述反应的 $\ln(P_{O_2}/P^{\ominus})$ 与温度 T 关系图。由图 2-8 可知，当反应温度低于 1735K，上述反应 33 ~ 反应 42 的平衡氧分压均低于反应 2 的平衡氧分压，即在对应的温度范围内体系氧分压降低到反应 2 的平衡氧分压时，TiO_2 的相关分解反应不可能发生。

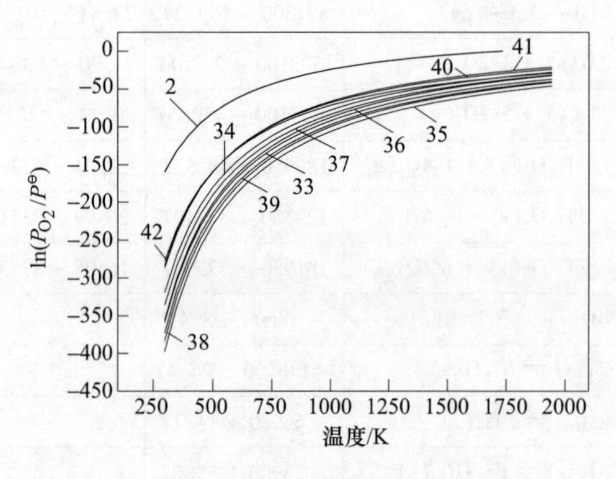

图 2-8　$NiO-Fe_2O_3-TiO_2$ 体系可能发生反应的平衡氧分压与温度关系

2.5　$NiO-Fe_2O_3-TiN$ 体系的热力学

当 Fe_2O_3-NiO 体系中添加 Nano-TiN，在不同的烧结气氛下，可能会伴随着不同程度的反应发生，为了探明在不同烧结气氛下（空气、N_2 和 Ar）Fe_2O_3-NiO-TiN 体系在烧结过程中可能发生的反应，根据热力学数据，对体系可能发生反应及相关吉布斯自由能进行计算。

2.5.1 空气气氛

根据热力学数据，在空气气氛下，Fe_2O_3-NiO-TiN 体系可能发生的反应见表 2-5。

表 2-5 在空气气氛下 Fe_2O_3-NiO-TiN 体系可能发生的反应

编号	反应方程式	$\Delta G^{\ominus}$/J · mol^{-1}	温度范围/K
a-1	$4NiO(s) + 2TiN(s) = 4Ni(s) + 2TiO_2(s) + N_2(g)$	$-251458 - 198.786T$	298 ~ 2143
a-2	$NiO(s) + TiN(s) = 4Ni(s) + 2TiO_2(s) + NO(g)$	$205142 - 206.106T$	1050 ~ 1100
a-3	$4Fe_2O_3(s) + 6TiN(s) = 8Fe(s) + 6TiO_2(s) + 3N_2$	$-339322 - 563.214T$	298 ~ 2143
a-4	$4Fe_2O_3(s) + 2TiN(s) = 8Fe_3O_4(s) + 2TiO_2(s) + N_2(g)$	$-254806 - 353.754T$	298 ~ 1735
a-5	$N_2(g) + 8Fe(s) = 2Fe_4N(s)$	$-22176 - 98.452T$	273 ~ 900
a-6	$Fe(s) + Fe_2O_3(s) = 3FeO(s)$	$9371 - 67.53T$	298 ~ 1650
a-7	$Fe(s) + NiO(s) = FeO(s) + Ni(s)$	$-31464 - 25.272T$	298 ~ 1650
a-8	$2Fe_4N(s) + 12NiO(s) = 4Fe_2O_3(s) + 6Ni(s) + N_2(g)$	$-392876 + 47.672T$	298 ~ 1735
a-9	$NiO(s) + TiO_2(s) = Ni_3TiO_5(s)$	$-1200614.05 + 64.589T$	298 ~ 1700
a-10	$NiO(s) + Fe_2O_3(s) = NiFe_2O_4(s)$	$-19900 - 3.77T$	855 ~ 1700
a-11	$TiN(s) + O_2(g) = TiO_2(s) + NO(g)$	$-504400.6 + 74.11T$	298 ~ 3000
a-12	$TiN(s) + 2O_2(g) = TiO_2(s) + NO_2(g)$	$-573794 + 150.079T$	298 ~ 1500
a-13	$Fe(s) + Ni(s) = FeNi(s)$	—	—

根据热力学数据，为进一步对反应过程可能发生的反应进行分析，对试样进行 TG-DSC 热分析，分析结果如图 2-9 所示。

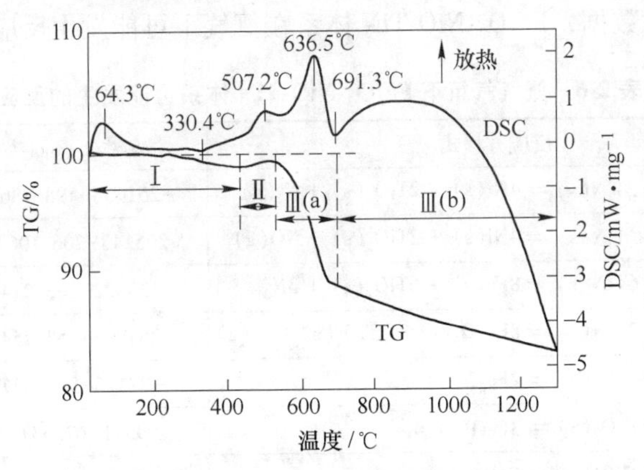

图 2-9 空气气氛下 Fe_2O_3-NiO-TiN 体系的 TG-DSC 曲线

图 2-9 所示为 Fe_2O_3-NiO-TiN 体系在空气气氛下烧结过程中的 TG-DSC 曲线，由图可以看出，在空气气氛下 TG 曲线在低温区相对平滑，试样的 TG 曲线持续向下，出现了三个阶段的失重和增重，根据热力学数据可以推断，TG 曲线在

200℃附近 TG 曲线开始失重，一直到 400℃左右可能发生如下反应：

$$4Fe_2O_3(s) + 6TiN(s) = 8Fe(s) + 6TiO_2(s) + 3N_2(g)$$

$$\Delta G^{\ominus} = -339322 - 563.214T \quad (a\text{-}4)$$

$$4NiO(s) + 2TiN(s) = 4Ni(s) + 2TiO_2(s) + N_2(g)$$

$$\Delta G^{\ominus} = -251458 - 198.786T \quad (a\text{-}1)$$

TG 曲线在 507℃附近出现了增重现象，在反应气氛中含有 N_2 和 O_2 增重曲线可能发生反应：

$$N_2(g) + 8Fe(s) = 2Fe_4N(s) \quad \Delta G^{\ominus} = -22176 - 98.452T \quad (a\text{-}5)$$

$$TiN(s) + 2O_2(g) = TiO_2(s) + NO_2(g) \quad \Delta G^{\ominus} = -573794 + 150.079T \quad (a\text{-}12)$$

$$TiN(s) + O_2(g) = TiO_2(s) + NO(g) \quad \Delta G^{\ominus} = -504400.6 + 74.11T \quad (a\text{-}11)$$

在 636℃附近之后，TG 曲线持续失重，DSC 曲线向上，且曲线比较光滑，这一持续阶段可能发生的反应为：

$$2Fe_4N(s) + 12NiO(s) = 4Fe_2O_3(s) + 6Ni(s) + N_2(g)$$

$$\Delta G^{\ominus} = -392876 + 47.672T \quad (a\text{-}8)$$

$$NiO(s) + TiO_2(s) = Ni_3TiO_5(s)$$

$$\Delta G^{\ominus} = -1200614.05 + 64.589T \quad (a\text{-}9)$$

$$NiO(s) + Fe_2O_3(s) = NiFe_2O_4(s)$$

$$\Delta G^{\ominus} = -19900 - 3.77T \quad (a\text{-}10)$$

2.5.2　氮气气氛

根据热力学数据，Fe_2O_3-NiO-TiN 体系在氮气下可能发生反应见表 2-6。

表 2-6　氮气气氛下 Fe_2O_3-NiO-TiN 体系可能发生的反应

编号	反应方程式	$\Delta G^{\ominus}$/J · mol^{-1}	温度范围/K
b-1	$4NiO(s) + 2TiN(s) = 4Ni(s) + 2TiO_2(s) + N_2(g)$	$-251458-198.786T$	298~2143
b-2	$NiO(s) + TiN(s) = 4Ni(s) + 2TiO_2(s) + NO(g)$	$205142-206.106T$	1050~1100
b-3	$4Fe_2O_3(s) + 6TiN(s) = 8Fe(s) + 6TiO_2(s) + 3N_2$	$-339322-563.214T$	298~2143
b-4	$4Fe_2O_3(s) + 2TiN(s) = 8Fe_3O_4(s) + 2TiO_2(s) + N_2(g)$	$-254806-353.754T$	298~1735
b-5	$N_2(g) + 8Fe(s) = 2Fe_4N(s)$	$-22176-98.452T$	273~900
b-6	$Fe(s) + Fe_2O_3(s) = 3FeO(s)$	$9371-67.53T$	298~1650
b-7	$Fe(s) + NiO(s) = FeO(s) + Ni(s)$	$-31464-25.272T$	298~1650
b-8	$2Fe_4N(s) + 12NiO(s) = 4Fe_2O_3(s) + 6Ni(s) + N_2(g)$	$-392876+47.672T$	298~1735
b-9	$NiO(s) + TiO_2(s) = Ni_3TiO_5(s)$	$-1200614.05+64.589T$	298~1700
b-10	$NiO(s) + Fe_2O_3(s) = NiFe_2O_4(s)$	$-19900-3.77T$	855~1700
b-11	$Fe(s) + Ni(s) = FeNi(s)$	—	—

根据热力学数据，为进一步对反应过程可能发生的反应进行分析，对试样进行热分析，分析结果如图 2-10 所示。

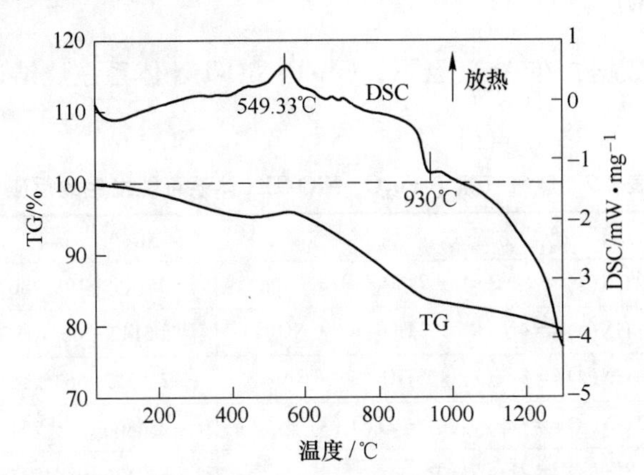

图 2-10 氮气气氛下 Fe_2O_3-NiO-TiN 体系的 TG-DSC 曲线

图 2-10 所示为 Fe_2O_3-NiO-TiN 体系在氮气气氛下烧结过程中的 TG-DSC 曲线，由图可以看出，TG 曲线有三个失重增重曲线，在 100~460℃ 温度段的失重段有可能是试样中水分的蒸发以及黏结剂的挥发，过程中可能伴随反应的进行：

$$4Fe_2O_3(s) + 6TiN(s) = 8Fe(s) + 6TiO_2(s) + 3N_2(g)$$

$$\Delta G^{\ominus} = -339322 - 563.214T \tag{b-4}$$

$$4NiO(s) + 2TiN(s) = 4Ni(s) + 2TiO_2(s) + N_2(g)$$

$$\Delta G^{\ominus} = -251458 - 198.786T \tag{b-1}$$

当试样第一阶段失重结束后，伴随着第二阶段的增重，在反应气氛中只有 N_2，那么在 549℃ 附近出现增重现象，从 DSC 曲线可以看出，在 549.33℃ 之前，曲线比较平滑，再次出现一个放热峰，根据热力学数据推测可能发生的反应为：

$$N_2(g) + 8Fe(s) = 2Fe_4N(s)$$

$$\Delta G^{\ominus} = -22176 - 98.452T \tag{b-5}$$

$$NiO(s) + TiO_2(s) = Ni_3TiO_5(s)$$

$$\Delta G^{\ominus} = -1200614.05 + 64.589T \tag{b-9}$$

当试样经过增重曲线之后，开始了持续的失重阶段，在 930℃ 左右失重速率出现降低，DSC 曲线也出现吸热放热现象，在这个阶段可能发生的反应为：

$$NiO(s) + TiO_2(s) = Ni_3TiO_5(s)$$

$$\Delta G^{\ominus} = -1200614.05 + 64.589T \tag{b-9}$$

$$2Fe_4N(s) + 12NiO(s) = 4Fe_2O_3(s) + 6Ni(s) + N_2(g)$$

$$\Delta G^{\ominus} = -392876 + 47.672T \tag{b-8}$$

$$NiO(s) + Fe_2O_3(s) = NiFe_2O_4(s)$$

$$\Delta G^{\ominus}=-19900-3.77T \quad \text{(b-10)}$$

2.5.3 氩气气氛

根据热力学数据，在 Ar 气氛下，Fe_2O_3-NiO-TiN 体系在烧结过程中可能发生的反应见表 2-7。

表 2-7　氩气气氛下 Fe_2O_3-NiO-TiN 体系可能发生的反应

编号	反应方程式	$\Delta G^{\ominus}$/J · mol^{-1}	温度范围/K
c-1	$4NiO(s)+2TiN(s)=4Ni(s)+2TiO_2(s)+N_2(g)$	$-251458-198.786T$	298~2143
c-2	$NiO(s)+TiN(s)=4Ni(s)+2TiO_2(s)+NO(g)$	$205142-206.106T$	1050~1100
c-3	$4Fe_2O_3(s)+6TiN(s)=8Fe(s)+6TiO_2(s)+3N_2$	$-339322-563.214T$	298~2143
c-4	$4Fe_2O_3(s)+2TiN(s)=8Fe_3O_4(s)+2TiO_2(s)+N_2(g)$	$-254806-353.754T$	298~1735
c-5	$N_2(g)+8Fe(s)=2Fe_4N(s)$	$-22176-98.452T$	273~900
c-6	$Fe(s)+Fe_2O_3(s)=3FeO(s)$	$9371-67.53T$	298~1650
c-7	$Fe(s)+NiO(s)=FeO(s)+Ni(s)$	$-31464-25.272T$	298~1650
c-8	$2Fe_4N(s)+12NiO(s)=4Fe_2O_3(s)+6Ni(s)+N_2(g)$	$-392876+47.672T$	298~1735
c-9	$NiO(s)+TiO_2(s)=Ni_3TiO_5(s)$	$-1200614.05+64.589T$	298~1700
c-10	$NiO(s)+Fe_2O_3(s)=NiFe_2O_4(s)$	$-19900-3.77T$	855~1700
c-11	$Fe(s)+Ni(s)=FeNi(s)$	—	—

根据热力学数据，为进一步对反应过程可能发生的反应进行分析，对试样进行热分析，分析结果如图 2-11 所示。

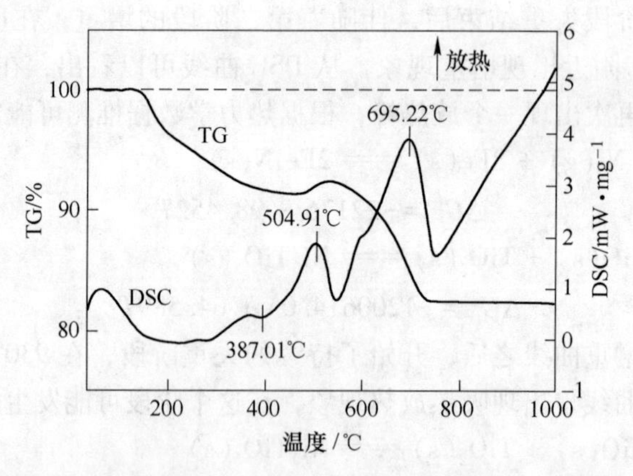

图 2-11　氩气气氛下 Fe_2O_3-NiO-TiN 体系的 TG-DSC 曲线

图 2-11 所示为 Fe_2O_3-NiO-TiN 体系在 Ar 气氛下烧结过程中的 TG-DSC 曲线，由图可以看出，TG 曲线同样有三个阶段的失重和增重。DSC 曲线在 387.01℃ 出

现一个小的吸热峰，在 504.91℃和 695.22℃处有较明显的放热峰，TG 曲线在 504℃附近出现了增重现象。在三个温度区，物质可能发生不同的反应，根据热力学数据推测可知，在 Ar 气氛下，没有其他的气氛参加反应，只可能是反应物质自身的生成物，可能发生如下反应：

在 TG 曲线的失重阶段的反应：

$$4Fe_2O_3(s) + 6TiN(s) = 8Fe(s) + 6TiO_2(s) + 3N_2(g)$$

$$\Delta G^{\ominus} = -339322 - 563.214T \qquad (c\text{-}3)$$

$$4NiO(s) + 2TiN(s) = 4Ni(s) + 2TiO_2(s) + N_2(g)$$

$$\Delta G^{\ominus} = -251458 - 198.786T \qquad (c\text{-}1)$$

从 164℃左右就开始发生反应，反应过程是个逐渐缓慢的过程，在 387℃左右有一个小的吸热峰，可能发生反应：

$$Fe(s) + Fe_2O_3(s) = 3FeO(s)$$

$$\Delta G^{\ominus} = 9371 - 67.53T \qquad (c\text{-}6)$$

在 504℃左右有一个增重曲线，可能发生反应：

$$N_2(g) + 8Fe(s) = 2Fe_4N(s)$$

$$\Delta G^{\ominus} = -22176 - 98.452T \qquad (c\text{-}5)$$

由于反应中 NiO 过量，所以最后一个失重段发生反应：

$$2Fe_4N(s) + 12NiO(s) = 4Fe_2O_3(s) + 6Ni(s) + N_2(g)$$

$$\Delta G^{\ominus} = -392876 + 47.672T \qquad (c\text{-}8)$$

750℃以后 DSC 曲线光滑，持续向上移动，TG 曲线不再出现失重的现象，这一阶段可能发生的反应是：

$$NiO(s) + TiO_2(s) = Ni_3TiO_5(s)$$

$$\Delta G^{\ominus} = -1200614.05 + 64.589T \qquad (c\text{-}9)$$

$$NiO(s) + Fe_2O_3(s) = NiFe_2O_4(s)$$

$$\Delta G^{\ominus} = -19900 - 3.77T \qquad (c\text{-}10)$$

2.6 本章小结

对 $NiO\text{-}Fe_2O_3$、$NiO\text{-}Fe_2O_3\text{-}MnO_2$、$NiO\text{-}Fe_2O_3\text{-}V_2O_5$、$NiO\text{-}Fe_2O_3\text{-}TiO_2$、$NiO\text{-}Fe_2O_3\text{-}TiN$ 几种体系进行热力学分析，从理论上系统研究了在这些体系中可能性反应发生的温度范围和气氛氧分压。

（1）$NiO\text{-}Fe_2O_3$ 体系中，855～1700K 的温度范围内，NiO(s) 和 $Fe_2O_3(s)$ 合成 $NiFe_2O_4(s)$ 的反应能够正向进行。$Fe_2O_3(s)$ 分解生成 $Fe_3O_4(s)$ 和 $O_2(g)$ 的反应在 1725～1735K 范围内能够进行。FeO(s) 分解产生 Fe(s) 和 $Fe_3O_4(s)$ 的反应在 298～961K 范围内能够进行。

（2）添加 MnO_2 体系，随着反应温度的升高，MnO_2 可能先分解为 Mn_2O_3，

再分解为 Mn_3O_4，最后分解为 MnO。随着体系氧分压的降低，在对应的温度范围内体系氧分压降低到 Fe_2O_3 离解反应的平衡氧分压时，MnO_2 可能先分解为 Mn_2O_3，进一步分解为 Mn_3O_4，最终分解为 MnO。MnO_2 分解产生的产物 MnO 与 Fe_2O_3 可能发生反应生成 $MnFe_2O_4$。

（3）添加 V_2O_5 体系，体系氧分压降低到 Fe_2O_3 离解反应的平衡氧分压时，V_2O_5 可能发生反应分解为 VO_2 和 V_2O_3。体系在 1023～1973K 温度范围内可能会有 FeV_2O_4 新物质生成。

（4）添加 TiO_2 体系，体系在 750～1700K 温度范围内，可能会有 $NiTiO_3$ 生成；在 298～1651K 范围内，可能会有 Ni_3Ti 和 NiTi 生成；298～1373K 温度范围内，可能会有 Fe_2TiO_4 生成；298～1573K 温度范围内，可能会有 $FeTiO_3$ 新物质生成。

（5）Fe_2O_3-NiO-TiN 体系在空气气氛下最终产物可能为 Ni_3TiO_5 和 $NiFe_2O_4$，氩气和氮气气氛下最终产物除了 Ni_3TiO_5 和 $NiFe_2O_4$，可能还有金属 Ni 的生成。

参 考 文 献

[1] 梁英教，车荫昌．无机物热力学数据手册［M］．沈阳：东北大学出版社，1993.

3 烧结条件和添加剂对 $NiFe_2O_4$ 材料结构及性能的影响

3.1 烧结条件对合成 $NiFe_2O_4$ 结构性能的影响

3.1.1 烧结温度的影响

3.1.1.1 烧结温度对材料结构和物相的影响

$NiFe_2O_4$ 尖晶石基惰性阳极是由不规则的多边形颗粒压制而成，可以把不规则的多边形颗粒理想化为球形颗粒来研究烧结时气孔的变化，如图 3-1 所示。

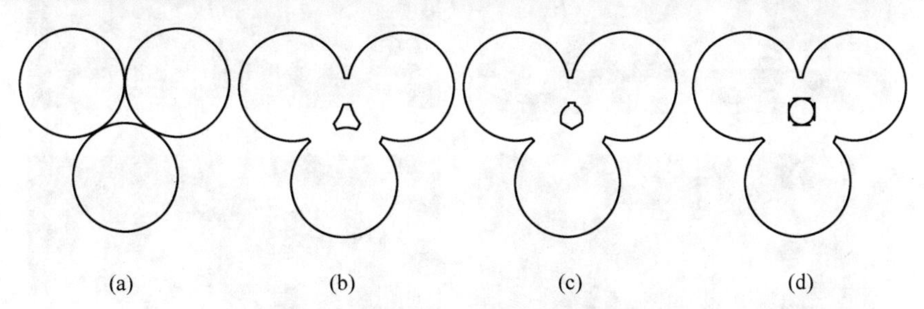

图 3-1　球形颗粒的烧结模型

（a）烧结初期；（b）烧结中期；（c）（d）烧结后期

图 3-2 所示为不同温度下，烧结 6h 后 $NiFe_2O_4$ 的断口形貌图。图 3-2（a）、（b）处于烧结初期：黏结阶段（图 3-1（a）），在该阶段，由于温度较低，颗粒间的原始接触点或面转变成晶体结合，颗粒间相互孤立现象严重，结合不紧密，烧结材料中存在大量连通气孔，试样的结构比较疏松，相对密度较低，并且可以看出该阶段晶粒尺寸为 1~2.5μm 左右。图 3-2（c）、（d）处于烧结中期：烧结颈长大阶段（图 3-1（b）），在这个阶段，原子向颗粒结合面的大量迁移使烧结颈扩大，颗粒间距离缩小，形成连续的孔隙网络；同时可以看出晶粒长大，尺寸分布在 2.5~4.5μm。烧结体内的孔隙大量消失，出现收缩行为。图 3-2（e）、（f）处于烧结后期：闭孔隙球化和缩小阶段（图 3-1（c）、（d）），在这个阶段，多数孔隙被完全隔离，气孔变得孤立，晶粒生长较迅速。可以看出烧结后期晶粒明显快速长大，晶粒尺寸分布在 8.5~20μm。整个烧结体缓慢收缩，这主要是靠

小孔的消失和孔隙数量的减少来实现，该阶段可延续很长时间，但仍残留少量的隔离气孔不能消除。

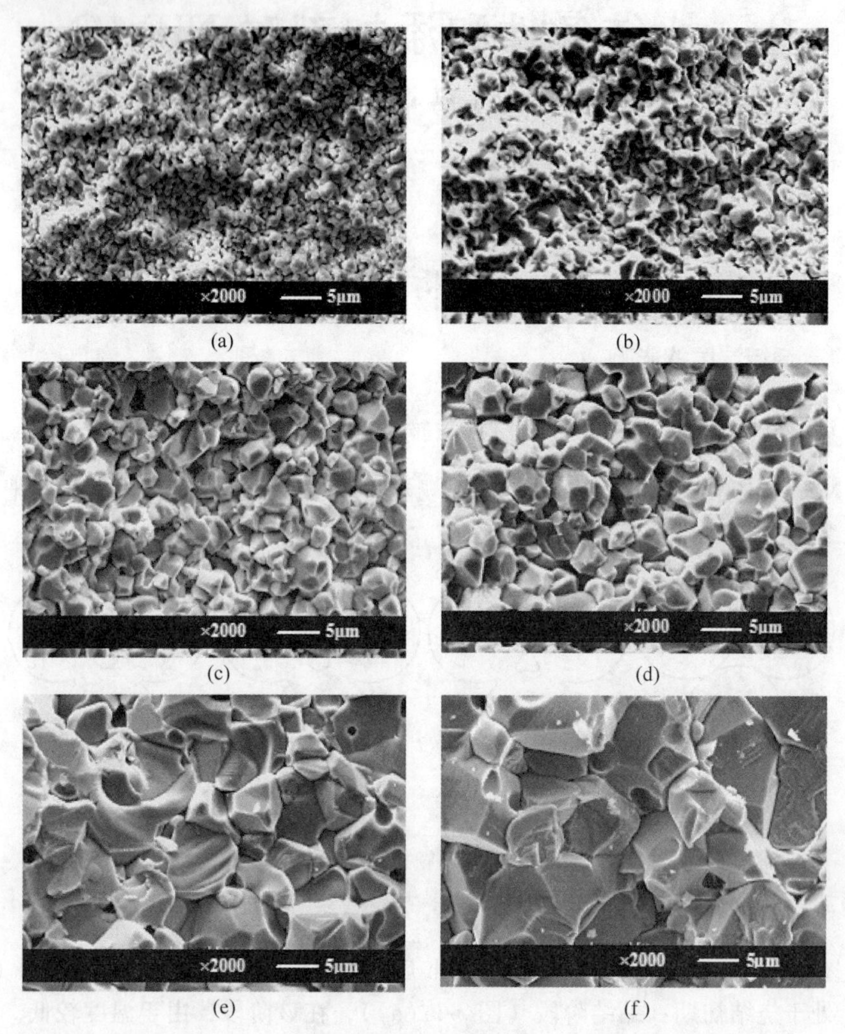

图 3-2　不同温度下合成 $NiFe_2O_4$ 断口扫描照片

（a）1150℃；（b）1200℃；（c）1250℃；（d）1300℃；（e）1350℃；（f）1400℃

图 3-3 所示为 $NiO-Fe_2O_3$ 体系在空气气氛烧结过程中的 DSC-TG 曲线。由图可知，空气气氛下，DSC 曲线在低温阶段，差热曲线比较光滑，没有突起的尖端，即没有明显的吸热及放热峰出现，可以看出在烧结过程中尖晶石的生成并不是在某一特定温度下进行，而是随着烧结致密化的进程而逐步完成的。从高温下的差热曲线可以看出，$NiFe_2O_4$ 尖晶石在空气中的热稳定性很好，既没有晶型转变，又没有离解反应。TG 曲线缓慢升高，至 1400℃ 体系质量增加 0. 40%，是原

料中含有微量 Fe、Ni、Co 氧化后引起的增重。

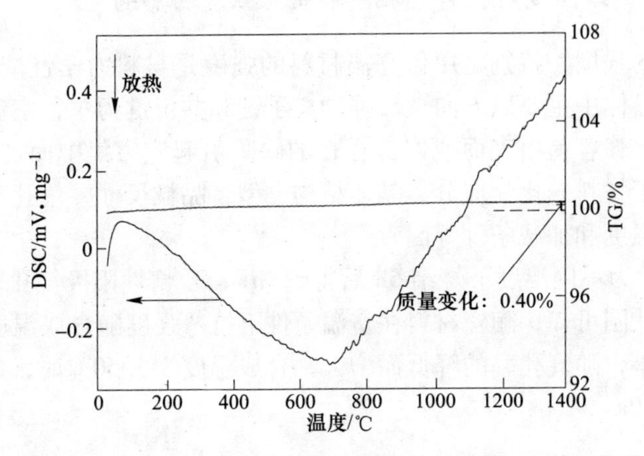

图 3-3 NiO-Fe_2O_3 体系在空气气氛烧结过程的 DSC-TG 曲线

为了考察烧结温度对制备所得样品物相组成的影响，以 1150℃和 1400℃温度下烧结制备的样品为例，进行 XRD 物相分析，结果如图 3-4 所示。从图可以看出，两种温度下烧结得到的物质均主要为合成的 $NiFe_2O_4$ 和过量的 NiO，但 1150℃条件下合成的 $NiFe_2O_4$ 衍射峰强度比 1400℃条件下的峰弱。这说明烧结温度越高，晶粒的结晶度越好，晶粒发育越完全，越利于颗粒接触进行反应合成 $NiFe_2O_4$。

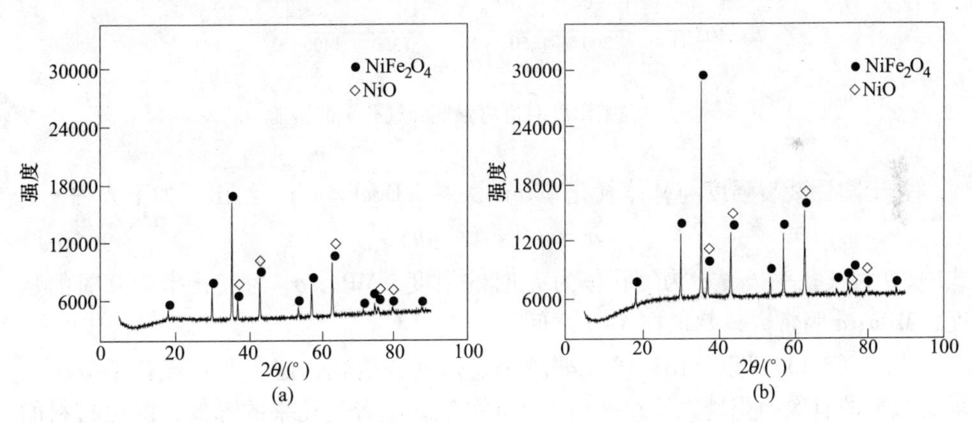

图 3-4 不同烧结温度下 $NiFe_2O_4$ 的 XRD 图谱

（a）1150℃；（b）1400℃

由以上分析可知，合成温度为 1150℃和 1200℃时，整个烧结体系收缩甚微，气孔仍然是连通的，合成的 $NiFe_2O_4$ 惰性阳极气孔较多，结构疏松。合成温度为 1250～1300℃时，孔隙大量消失，结构变得致密。合成温度在 1350～1400℃时，晶粒快速长大，烧结体呈缓慢收缩，仍残留少量的隔离小孔隙不能消除。

3.1.1.2　烧结温度对材料气孔率和抗弯强度的影响

陶瓷材料的强度，特别是用做高温材料的强度是材料力学性能的重要表征。陶瓷材料本身晶体中主要以方向性较强的离子键和共价键为主，室温下几乎不能出现位错的滑移，容易由表面或内部存在的缺陷引起应力集中而产生脆性破坏。陶瓷强度取决于材料的化学成分、晶体结构类型、晶粒尺寸、气孔率、成型体的形状及尺寸、温度和加载条件等因素[1,2]。

图 3-5 所示为不同温度下烧结 6h 后得到 $NiFe_2O_4$ 惰性阳极气孔率和抗弯强度的测试结果。从图可知，陶瓷材料在室温条件下抗弯强度随合成温度的升高先增大后小幅度减小，随气孔率的降低而增大，合成温度为 1350℃时，抗弯强度达到最大值 46.53MPa。

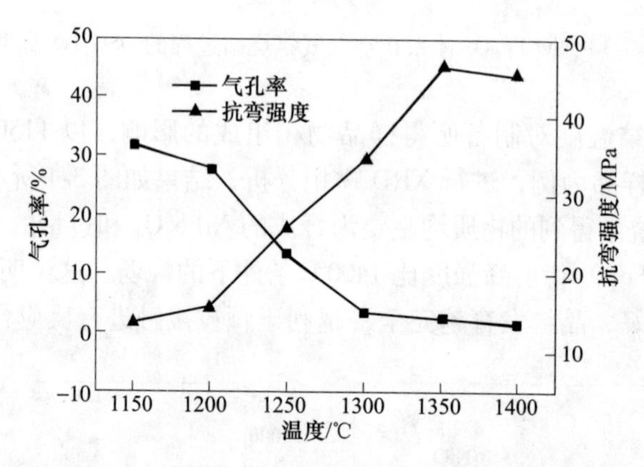

图 3-5　烧结温度对抗弯强度和气孔率的影响

关于陶瓷断裂强度与基体气孔率 θ 的关系，Duckworth[3] 给出了如下方程：

$$\sigma = \sigma_0 \exp(-n\theta) \tag{3-1}$$

式中，θ 为气孔率，%；σ 为气孔率为 P 时的强度，MPa；σ_0 为气孔率为 0 时的强度，MPa；n 为常数，其值在 4~7 之间。

由式（3-1）可以看出，气孔率越小，强度也越高，这主要是气孔率减小后承受载荷的有效面积越大所致。由图 3-5 可知，随着气孔率的降低，陶瓷材料的抗弯强度逐渐增大，但合成温度为 1400℃时，陶瓷材料的气孔率较 1350℃的略低，但其强度也低于合成温度为 1350℃制备的样品，这可能与所制得样品的晶粒尺寸有关。

Petch[4] 提出陶瓷断裂强度与基体晶粒尺寸 d 间存在以下关系：

$$\sigma_f = \sigma_0 + kd^{-\frac{1}{2}} \tag{3-2}$$

式中，σ_f 为陶瓷的强度，MPa；σ_0 为常数；k 为常数；d 为晶粒尺寸，mm。

对于多晶陶瓷材料，晶粒越细小，断裂强度越高。从图 3-2 不同温度下合成 $NiFe_2O_4$ 断口扫描照片可知，1350℃合成基料制得陶瓷材料的晶粒尺寸大约为 8.5~10μm，1400℃制得陶瓷材料的晶粒尺寸大约为 12~20μm。依据式（3-2）可知，1400℃时制备样品的抗弯强度小于 1350℃时的抗弯强度是成立的。综合 $NiFe_2O_4$ 惰性阳极微观结构、气孔率和抗折强度的测试结果，可知制备 $NiFe_2O_4$ 惰性阳极最适宜的温度为 1350℃。

3.1.2　烧结时间的影响

3.1.2.1　烧结时间对材料结构的影响

对经过不同时间烧结的样品进行 SEM 检测，结果如图 3-6~图 3-9 所示。

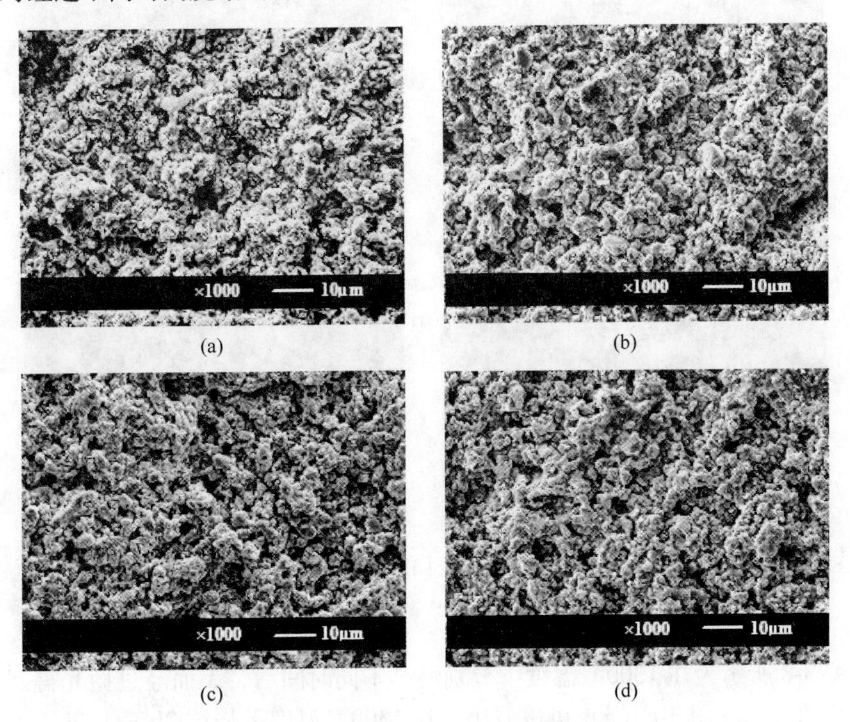

图 3-6　在 1100℃温度下烧结不同时间后试样抛光面的 SEM 图片
（a）2h；（b）4h；（c）6h；（d）8h

从图可以看出，在 1100℃温度下，烧结不同时间后样品的晶粒尺寸几乎没有变化，整体维持在 1.5μm 左右。基体中互相接触的两颗粒通过互扩散或其他物料传输原理，使物料向接触点迁移，形成烧结颈后开始接触并发生反应。在这一阶段，颗粒外形基本不变，整个烧结体不发生收缩，气孔仍然是连通的，样品结构很疏松，密度增加极微，延长烧结时间对晶粒生长没有积极作用。

图 3-7 所示为在 1200℃温度下分别烧结 2h、4h、6h、8h 后样品的扫描电镜图片。从图可以看出，烧结 2h 和 4h 后样品的晶粒尺寸比较接近，约为 1.7～2.0μm；烧结 6h、8h 后样品晶粒尺寸约为 2.7～2.9μm。随着烧结时间的延长，基体材料内的气孔变少，结构逐渐变得致密，并且细粉颗粒数量变少，晶粒出现了长大趋势，整体上呈现晶粒发育不完全，晶粒尺寸分布不均的形貌。与 1100℃条件下烧结制备的样品相比较，可以发现 1200℃温度下制备的样品晶粒尺寸较大，并且烧结 6h、8h 后基体内的局部晶界相遇并构成了网络。

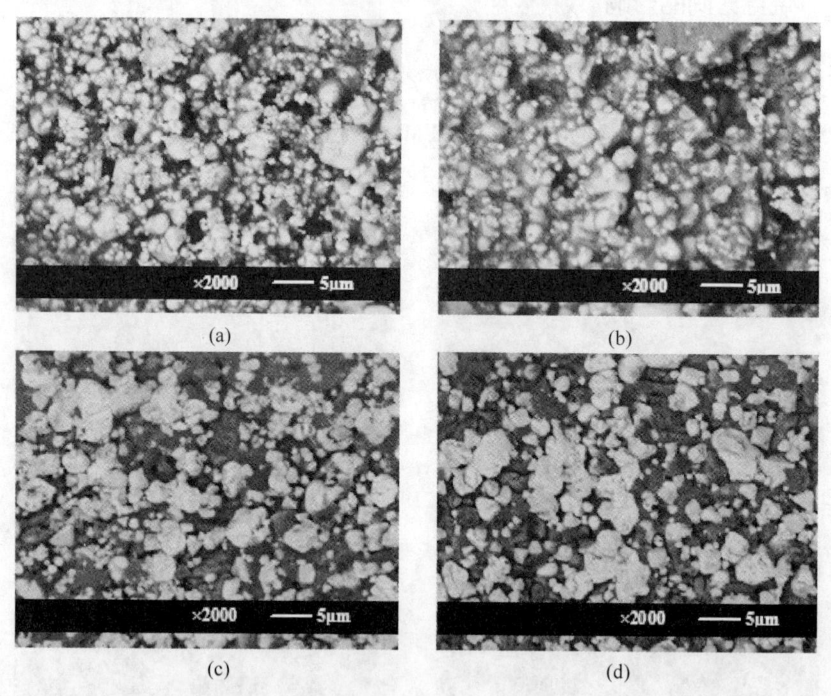

图 3-7　在 1200℃温度下烧结不同时间后试样抛光面的 SEM 图片
(a) 2h；(b) 4h；(c) 6h；(d) 8h

图 3-8 所示为在 1300℃温度下分别烧结不同时间后，表面经过抛光得到的扫描电镜图片。从图 3-8（a）可以看出，在 1300℃温度下烧结 2h 后，基体内存在大量多边形晶粒，平均尺寸为 3.2μm。根据文献［5］可知，在陶瓷烧结过程中，晶粒通常为多边形，大于六边的晶粒容易长大，小于六边的晶粒容易被大晶粒吞没，表现出烧结中期的特征。随着烧结时间的延长，部分晶粒被吞没形成大晶粒，气孔多为连续相，呈棱角状态。烧结 4h 和 6h 后样品晶粒尺寸分布在 5～5.5μm 范围内，当时间延长到 8h 时，可以发现晶粒明显长大，约 5.7μm。烧结 8h 后基体内的颗粒明显呈现两种不同颜色，经过 EDS 分析得知，位于区域 1 呈暗白色颗粒和位于区域 2 呈浅灰色颗粒分别是富 Ni 的 $NiFe_2O_4$ 和富 Fe 的 $NiFe_2O_4$。

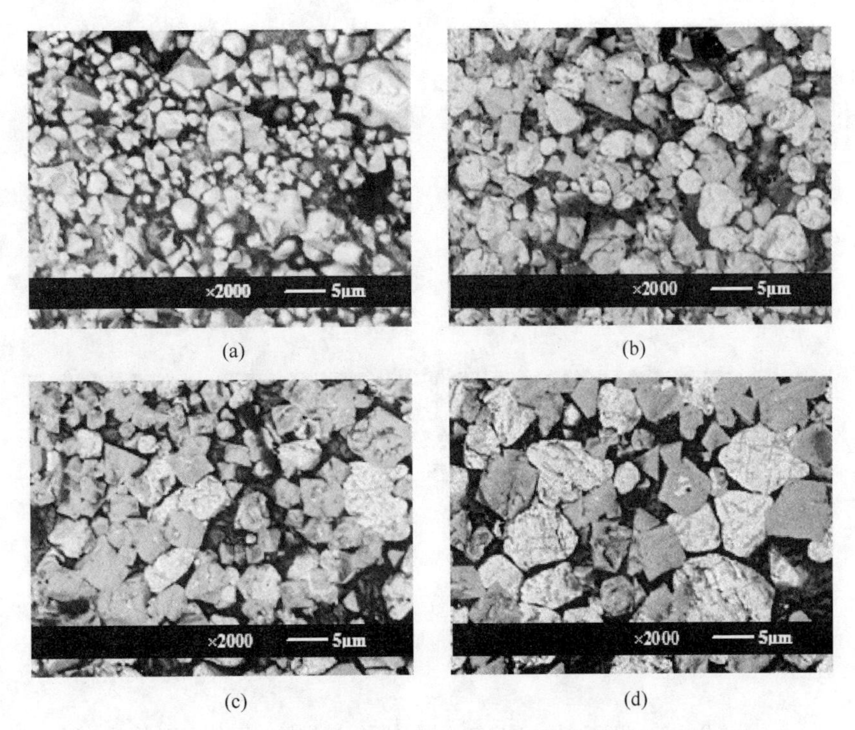

图 3-8 在 1300℃温度下烧结不同时间后试样抛光面的 SEM 图片
(a) 2h；(b) 4h；(c) 6h；(d) 8h

图 3-9 所示为在 1400℃温度下烧结不同时间后试样抛光面的扫描电镜图片。从图 3-9 可以看出，在 1400℃温度下，晶粒生长速度对烧结时间非常敏感，烧结 2h 后晶粒尺寸约为 6.8μm；烧结时间延长至 4h 时，烧结体以大晶粒为中心，大晶粒长大，小晶粒减小、消失，平均晶粒尺寸约为 11.2μm。烧结 6h 后样品内部多数晶粒棱角变得不分明，呈椭圆形，这说明晶粒此时发育比较完全，整体上晶粒尺寸分布比较均匀，约为 13.2μm，同时发现已经长大的颗粒之间有继续合并长大的趋势。当继续延长烧结时间至 8h，平均晶粒尺寸为 16.3μm，并且原有的晶界变得模糊，出现了晶界聚合，颗粒生长连接成片的趋势，极有可能出现晶粒过大生长而导致基体材料性能弱化的情况，此时需要综合考察烧结时间对材料气孔率和相关力学性能的影响。

3.1.2.2 烧结时间对材料气孔率和抗弯强度的影响

陶瓷烧结温度不能无限提高，很多情况下通过延长时间来促进致密。适当的保温时间是陶瓷烧结所必须的，保温能使原料间充分反应，晶界迁移，晶粒长大，排除气孔，促进致密化，但过长的保温时间非但不会促进致密，反而由于晶

图 3-9 在 1400℃温度下烧结不同时间后试样抛光面的 SEM 图片

(a) 2h；(b) 4h；(c) 6h；(d) 8h

粒异常长大而使致密度下降，降低材料的力学性能，所以不能盲目延长保温时间[6]。

在 1100℃、1200℃、1300℃和 1400℃温度条件下，分别考察了烧结时间对材料气孔率和抗弯强度的影响，得到图 3-10 和图 3-11。

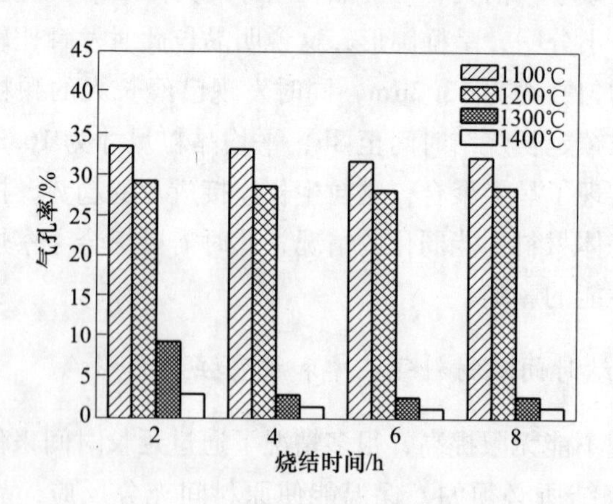

图 3-10 不同温度下 $NiO-Fe_2O_3$ 体系气孔率随烧结时间的变化

从图 3-10 可以看出，1100℃，1200℃时样品气孔率很大，不同时间下样品气孔率分别维持在 32.5%和 28.7%左右，通过延长烧结时间来降低气孔率几乎不起作用。这说明样品在 1100℃和 1200℃温度下烧结时正处于烧结的初始阶段，体系出现小幅度收缩，气孔连通，结构疏松所致。当温度升高到 1300℃时，样品气孔率剧烈下降，该温度下烧结 2h，4h 后气孔率分别为 9.4%和 2.9%。随后延长烧结时间，样品气孔率基本不变，维持在 2.6%左右，这说明此时烧结体系已经处于致密化状态。当温度继续升高到 1400℃时气孔率出现了较小幅度下降，烧结 2h 和 6h 后气孔率分别为 2.9%和 1.3%，8h 时的气孔率为 1.6%，较 6h 时略有回升，主要是 1400℃温度下的烧结处于烧结中后期，晶粒迅速长大，延长烧结时间能加速晶粒生长，此时多数孔隙被完全隔离，闭孔数量较多，封闭在 $NiFe_2O_4$ 晶粒内的气孔无法消除，从而造成了试样“反致密化”现象。

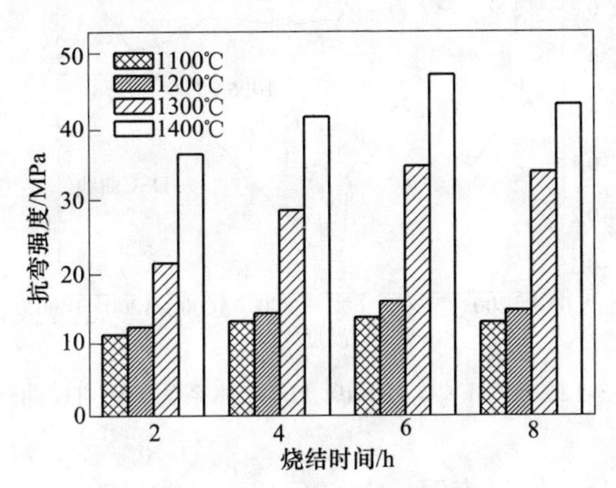

图 3-11　不同温度下 $NiO\text{-}Fe_2O_3$ 体系抗弯强度随烧结时间的变化

从图 3-11 可以看出，在不同温度条件下，随着烧结时间的延长，试样的抗弯强度呈先上升后下降趋势。当烧结温度为 1100℃时，延长烧结时间对提高样品强度几乎没有作用，整个体系强度维持在 12.9MPa 左右。当烧结温度上升到 1200℃时，材料强度提升甚微，整个体系的抗弯强度维持在 14.5MPa 左右，主要是体系刚开始收缩，局部形成烧结颈，气孔仍然连通，基体结构较为疏松。1300℃恒温烧结 2h 之后的强度为 21.2MPa，当延长烧结时间至 6h 时，获得样品的最大强度为 34.6MPa，是 1100℃和 1200℃整个烧结时间范围内样品强度的 3 倍左右。当温度升高到 1400℃时，烧结 2h 的样品强度为 36.1MPa，较 1100℃和 1200℃温度下烧结 2h 后样品的强度提高了很多。随后强度随时间延长而增大，在烧结 6h 后样品得到最大的抗弯强度 47.3MPa，然后出现了小幅下降，到 8h 时抗弯强度降低到 43.2MPa。此时烧结进行到中后期，晶粒发育比较完全，材料结构比较致密，从而整体上提升了抗弯强度，但是烧结时间不宜过长，否则会造成晶粒异常长大，降低材料的抗弯强度。从上述分析可知，在 1300~1400℃温度区间内，烧结时间为 6h 时，可以获得低气孔率（2.6%～1.3%）和较高抗弯强度（34.6～47.3MPa）的样品。

3.2　添加剂对 $NiFe_2O_4$ 结构和性能的影响

3.2.1　MnO_2 对 $NiFe_2O_4$ 结构和性能的影响

3.2.1.1　MnO_2 对材料物相、结构和性能的影响

对 10wt% MnO_2 掺杂的试样进行了 DSC-TG 分析，结果如图 3-12 所示。

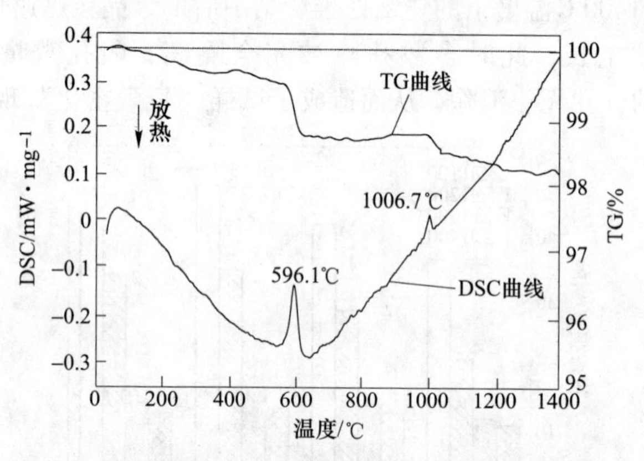

图 3-12　NiO-Fe_2O_3-10wt% MnO_2 体系的 DSC-TG 曲线

图 3-12 的 DSC 分析结果表明，在 596.1℃、1006.7℃处分别出现了两个明显的吸热峰，说明在这两个吸热峰对应温度处某物质发生了反应。查阅热力学手册的相关数据[7]，得知关于 MnO_2 在上述温度下主要存在以下两个可能反应：

$$2MnO_2 \xrightarrow{596.1℃} Mn_2O_3 + \frac{1}{2}O_2\uparrow \tag{3-3}$$

$$Mn_2O_3 \xrightarrow{1006.7℃} 2xMnO + (1-x)Mn_2O_3 + \frac{1}{2}xO_2\uparrow \tag{3-4}$$

从 TG 曲线可以看出，在 596℃左右，体系出现了第一阶段失重，推测由式（3-3）的反应引起。当温度升高到 1006.7℃时，由反应（3-3）生成的部分 Mn_2O_3 继续分解生成了 MnO 和氧气，气体逸出之后导致整个烧结体系的第二次失重。

为了深入考察 MnO_2 在 $NiFe_2O_4$ 尖晶石基体中的存在物态以及 $NiFe_2O_4$ 尖晶石基体中的物相变化，以 0wt%和 2.5wt%两种 MnO_2 添加水平制备所得样品为例，进行了 XRD 物相分析，得到结果如图 3-13 所示。

从图 3-13 可以看出，添加 MnO_2 的样品除了呈现 $NiFe_2O_4$ 尖晶石结构和 NiO

的衍射峰外，几乎无其他杂峰。这可能是因为 Mn 离子进入了尖晶石晶格中，与基体形成了固溶体。

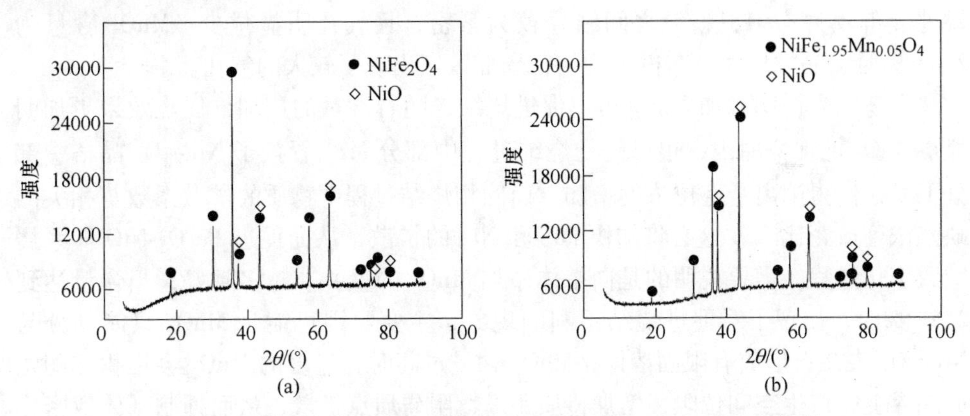

图 3-13　NiO-Fe_2O_3 烧结体系添加不同含量 MnO_2 的 X 射线衍射谱

（a）未添加 MnO_2；（b）2.5wt% MnO_2

本实验还考察了 MnO_2 添加量对基体结构的影响，图 3-14 所示为添加不同含量 MnO_2 后试样在 1300℃时烧结 6h 后的断口形貌图。由图可以看出，无添加剂

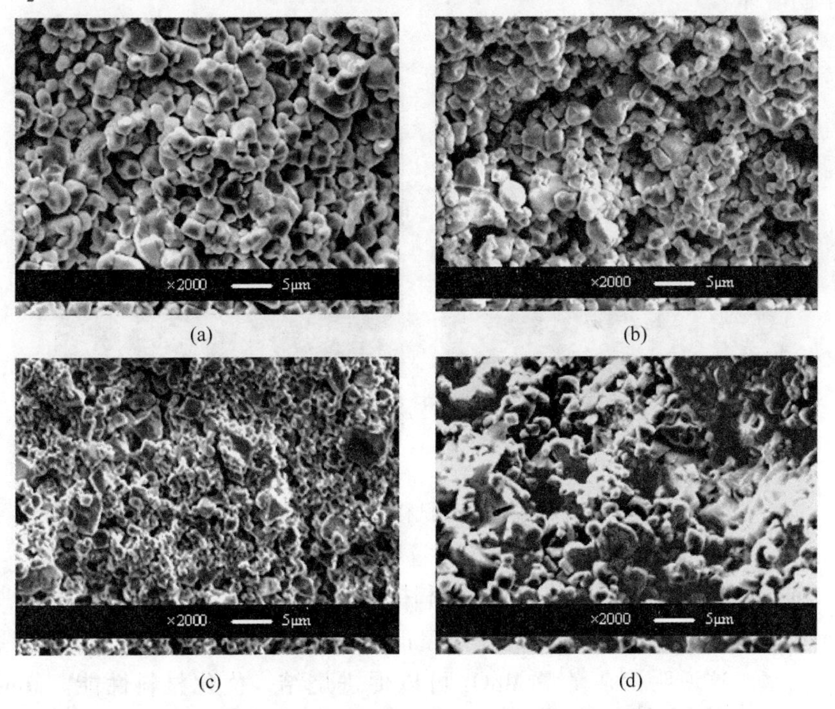

图 3-14　不同 MnO_2 添加量的试样的扫描电镜照片

（a）x = 0wt%（未添加 MnO_2）；（b）x = 0.5wt%；（c）x = 1.0wt%；（d）x = 2.5wt%

试样的粒径分布均匀，一般为 2~4μm。添加 0.5wt% MnO_2 后，基体中出现了明显的烧结轨迹，且粒径小于无添加剂试样的粒径；添加 1.0wt% MnO_2 后，晶粒尺寸分布较为均匀，颗粒之间结合较为紧密，且气孔明显减少。MnO_2 含量为 2.5wt%时，晶粒尺寸分布极不均匀，局部区域出现了较大的气孔。

上述结果说明添加 MnO_2 可以促进烧结，随着含量的增加，促烧效果更加明显。MnO_2 的促烧原因，很可能是烧结过程中部分 Mn^{4+} 置换了 $NiFe_2O_4$ 晶格中部分 Fe^{3+}，使得阳离子空位浓度增加，而固相烧结过程中物质的扩散系数与相关的缺陷浓度成正比[8]，这必将加快 Fe^{3+} 和 Ni^{2+} 的扩散，从而促进 Fe_2O_3-NiO 体系烧结致密化过程。需要说明的是向基体添加 MnO_2 的量并非越多越好，当含量达到 2.5wt%时，出现了对促进烧结不利的现象，主要原因可能是 MnO_2 只能部分与 $NiFe_2O_4$ 尖晶石形成有限固溶体，MnO_2 含量过高时，过多的 MnO_2 会堆积在陶瓷的晶界上，产生空间位阻，增加传质距离，阻碍质点扩散，从而抑制基体致密化过程的进行。通过比较发现，此处添加 1.0wt% MnO_2 对基体结构具有细化晶粒的作用，微观结构证明了 MnO_2 能够促进烧结，提高材料致密度。

对添加 1.0wt% MnO_2 的试样进行了 Mn 元素的面扫描，结果如图 3-15 所示。从图中可以看出 Mn 元素在基体材料中分布均匀，说明 MnO_2 极有可能与 $NiFe_2O_4$ 形成了固溶体。

(a)　(b)

图 3-15　添加 1.0wt% MnO_2 试样抛光面的 Mn 元素扫描图像

添加不同量 MnO_2 后，试样气孔率和抗弯强度的变化情况，如图 3-16 所示。由图 3-16 可以看出，原料中添加一定量的 MnO_2，可以增加试样的强度，降低它的气孔率。这说明掺杂微量 MnO_2 可以促进烧结，优化材料性能。MnO_2 含量为 1.0wt%时，试样的性能较好，抗弯强度和气孔率分别约为 48.54MPa 和 2.68%。

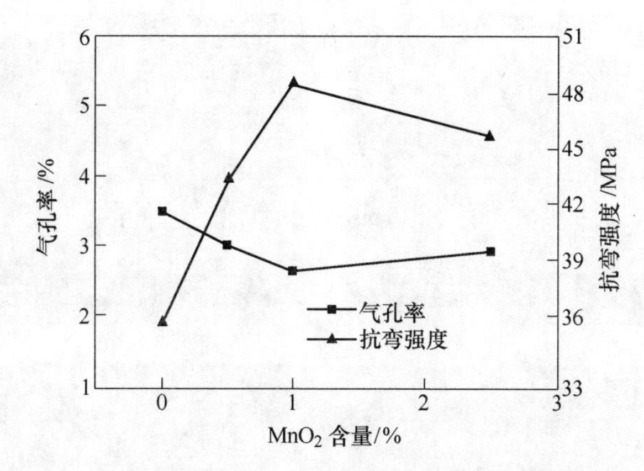

图 3-16 不同含量 MnO_2 对试样气孔率、抗弯强度的影响

3.2.1.2 不同烧结条件对材料结构和性能的影响

上文分析表明，添加 1.0wt% MnO_2 后，试样的晶粒得到了细化，致密度和抗弯强度也得到了较大提高。以添加 1.0wt% MnO_2 的试样为例，考察烧结条件对样品微观形貌、气孔率和抗弯强度的影响，烧结温度分别为 1100℃、1200℃、1300℃和 1400℃，时间分别为 2h、4h、6h 和 8h，结果如图 3-17～图 3-20 所示。

A 不同烧结条件对材料结构的影响

由图 3-17 可以看出，1100℃温度下添加 1.0wt% MnO_2 样品烧结 2h 后的结构比较疏松，晶粒尺寸与无添加剂样品在该条件下烧结后的结构几乎一样，晶粒尺寸比较接近，约为 1.10μm。从图中可以看出，随着烧结时间的延长，颗粒间形成了烧结颈，从点接触逐渐过渡到面接触，基体内部出现了明显的烧结痕迹，当烧结时间延长至 8h 时，晶粒尺寸约为 1.49μm。与相同烧结条件下所制备的不含添加剂样品相比，发现添加 1.0wt% MnO_2 可降低体系的烧结温度，提前进行烧结。

由图 3-18 可以看出，添加 1.0wt% MnO_2 的试样在 1200℃温度下烧结 2h 后晶粒尺寸分布比较均匀，约为 0.97μm。当烧结时间延长至 4h 和 6h 时，晶粒的平均尺寸分别约为 1.23μm 和 1.65μm，比相同条件制备的不含添加剂样品的晶粒尺寸小，同时基体内出现了晶粒尺寸分布不均的现象。烧结时间延长至 8h，部分晶粒尺寸略有增大，约为 2.09μm。整体上来看，1200℃温度下制备的含有 1.0wt% MnO_2 样品的平均晶粒尺寸比相同条件下制备的无添加剂样品的小，MnO_2 表现出了明显的细化晶粒的作用。但由于该温度下，体系刚开始收缩，基体材料的结构比较疏松，气孔仍然呈连通状态。

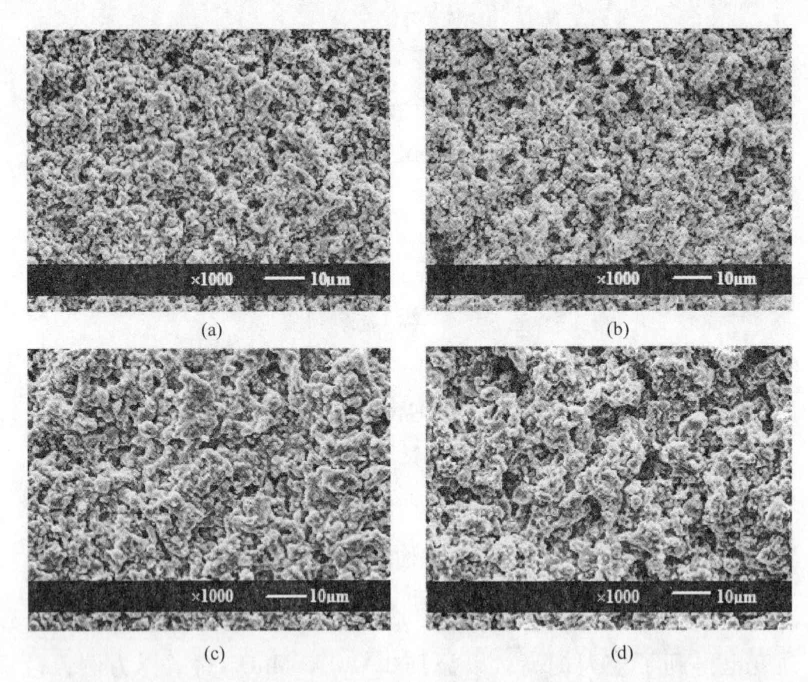

图 3-17 添加 1.0wt% MnO_2 的试样在 1100℃温度下烧结不同时间后抛光面的 SEM 图片
（a）2h；（b）4h；（c）6h；（d）8h

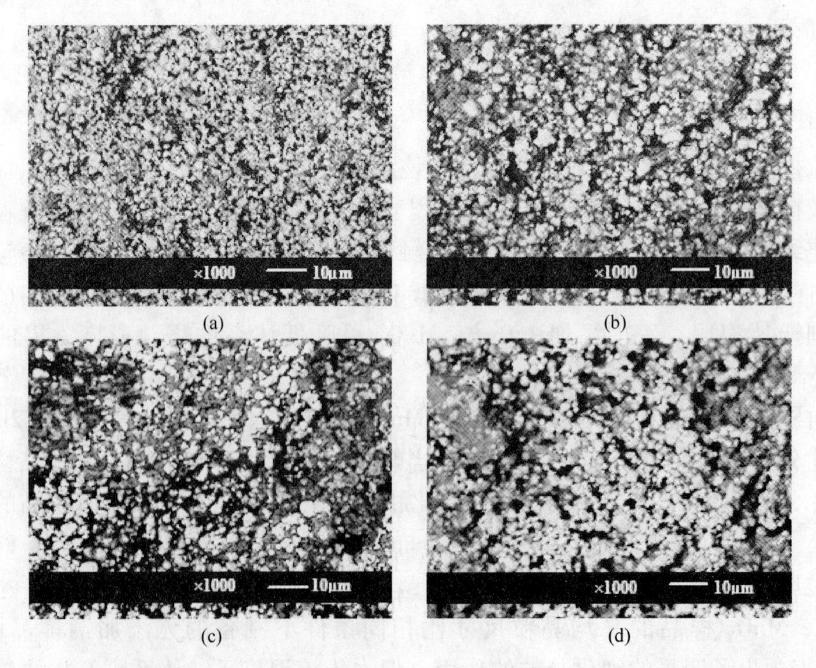

图 3-18 添加 1.0wt% MnO_2 的试样在 1200℃温度下烧结不同时间后抛光面的 SEM 图片
（a）2h；（b）4h；（c）6h；（d）8h

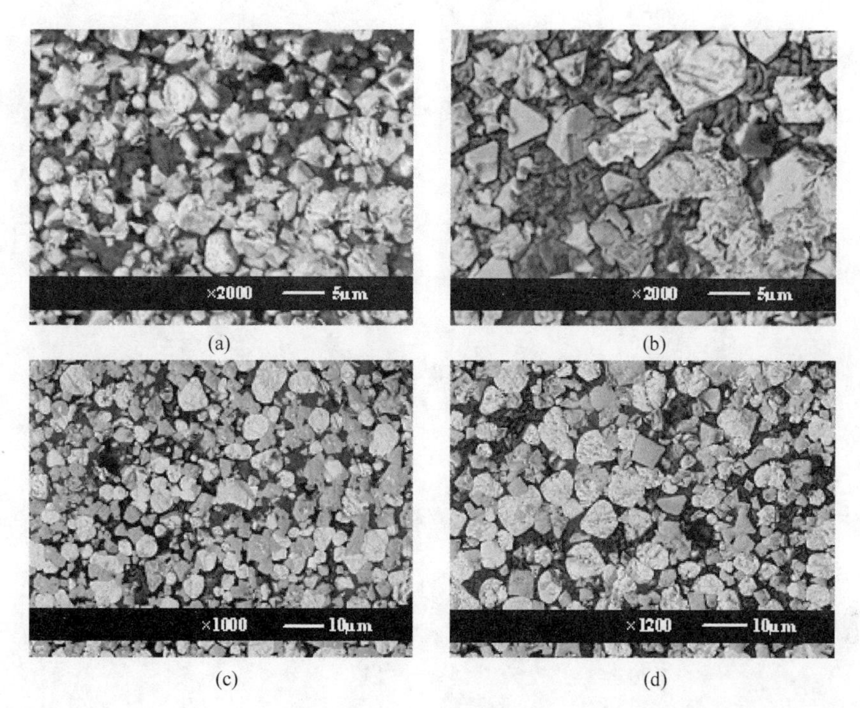

图 3-19 添加 1.0wt% MnO_2 的试样在 1300℃温度下烧结不同时间后抛光面的 SEM 图片
（a）2h；（b）4h；（c）6h；（d）8h

从图 3-19 可以看出，添加 1.0wt% MnO_2 试样在 1300℃温度下烧结 2h 后的平均晶粒尺寸约为 2.7μm，烧结时间延长至 4h 和 6h 后，平均晶粒尺寸增加到了 4.12μm 和 4.64μm 左右。当烧结时间持续延长至 8h 后，平均晶粒尺寸上升到约 5.22μm，晶粒尺寸分布均匀，整体上与不含添加剂样品的晶粒接近。1300℃条件下进行烧结时，MnO_2 表现出了细化晶粒，加速了基体致密化的作用。

由图 3-20 可以看出，1400℃条件下，烧结 2h、4h、6h 和 8h 后样品平均晶粒尺寸分别达到了 4.14μm、7.01μm、8.51μm 和 11.29μm。添加 1.0wt% MnO_2 的试样在 1400℃温度下烧结后的晶粒尺寸与相同温度、相同烧结时间下所制备的无添加剂试样的晶粒尺寸比较接近。

B 不同烧结条件对材料气孔率和抗弯强度的影响

图 3-21 反映了样品气孔率随烧结温度和时间变化的情况。从图中可以看出，1100℃时延长烧结时间并不能显著减小样品的气孔率，经过不同时间烧结后样品的平均气孔率约为 33.85%。由上文分析可知，该温度下整个体系刚开始烧结，颗粒间多为点接触，气孔是连通的，所以延长烧结时间对气孔率的影响不大。温度为 1200℃ 时，经不同时间烧结，样品的平均气孔率变化也不明显，约为 32.67%。该温度下体系仍处于烧结初期，颗粒外形基本不变，整个烧结体不发

图 3-20　添加 1.0wt% MnO_2 的试样在 1400℃温度下烧结不同时间后抛光面的 SEM 图片

(a) 2h；(b) 4h；(c) 6h；(d) 8h

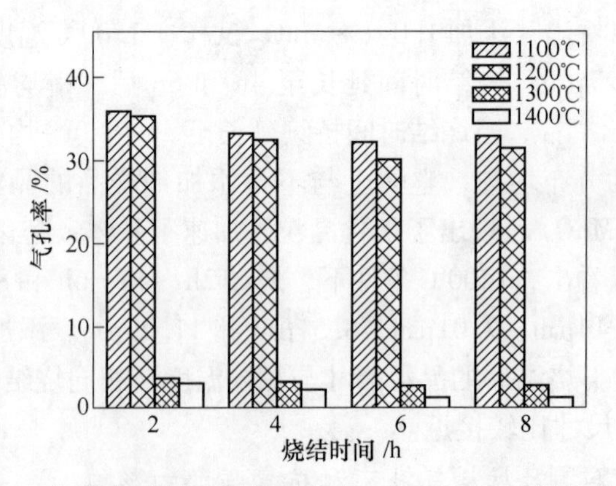

图 3-21　不同烧结条件下制备的掺杂 1.0wt% MnO_2 样品的气孔率

生收缩，气孔依然是连通的，密度增加极微。当温度升高到 1300℃时，平均气孔率骤减到 2.97%。这主要是因为，较高温度下的烧结受控于体积扩散和晶界扩散，气孔对晶界迁移的阻碍作用降低，因而晶粒明显长大而迅速排除气孔[9]。继续升高温度到 1400℃，平均气孔率不再明显变化，为 1.82%，较 1300℃时略有下降。这主要是因为，烧结温度升高后，晶粒生长较迅速，而晶界开始形成连续网络，气孔常位于两晶粒界面，多数孔隙被完全隔离，闭孔数量增大，气孔形状趋近球形并不断缩小，气孔变得孤立。整个烧结体系缓慢收缩，主要靠小孔的消失来实现致密。这一阶段可以延续很长时间，但是仍残留少量的隔离小孔隙不能消除。

图 3-22 为材料抗弯强度图。可以看出，烧结温度对材料的抗弯强度影响很大，在四种温度条件下经过不同烧结时间所制备样品的平均抗弯强度分别为 12.45MPa，15.87MPa，43.33MPa 和 46.47MPa。1400℃时样品的平均抗弯强度几乎是 1100℃时的 4 倍。整个温度范围内，当烧结时间在 2~6h 之间时，抗弯强度随着烧结时间的延长而增加。这主要是因为，延长烧结时间可以促使晶粒长大并排除系统中的气孔，使结构致密，从而提高材料的强度。继续延长烧结时间到 8h 时，样品的抗弯强度出现小幅下降。其原因可能是，烧结时间过长时，晶粒尺寸过大，在结构中形成了孤立的闭气孔。另外，较大晶粒的晶界上有应力存在，这会使样品内部出现隐性裂纹，从而降低其机械性能。

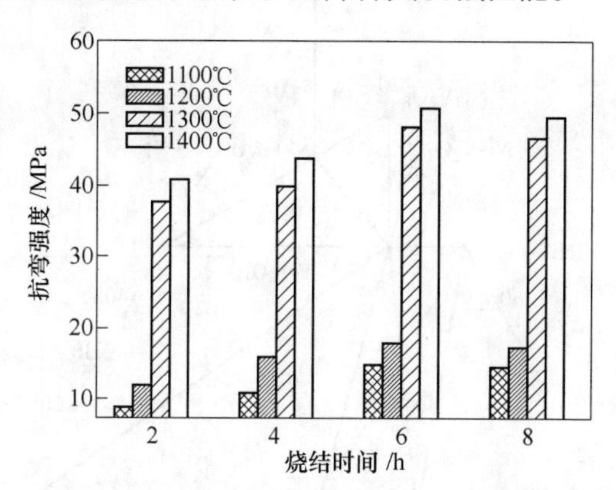

图 3-22 不同烧结条件下制备的掺杂 1.0wt% MnO_2 样品的抗弯强度

3.2.2 V_2O_5 对 $NiFe_2O_4$ 结构和性能的影响

3.2.2.1 V_2O_5 对材料物相、结构和性能的影响

为了考察 V_2O_5 对制备所得样品物相组成的影响，对 10wt% V_2O_5 掺杂的试样进行了 TG-DSC 分析，结果如图 3-23 所示。

由图 3-23 可以看到，曲线在 605℃处出现一小的吸热峰，说明在此处发生了反应，有新的物质生成。结合本样品的物料组成和 $NiO-V_2O_5-Fe_2O_3$ 体系的三元相图（图 3-24），推测生成的物质为 Ni_2FeVO_6。

为了进一步确定该生成物的成分，以 0wt%和 2.5wt%两种 V_2O_5 添加水平制备所得样品为例，进行了 XRD 物相分析，结果如图 3-25 所示。图 3-25（b）中

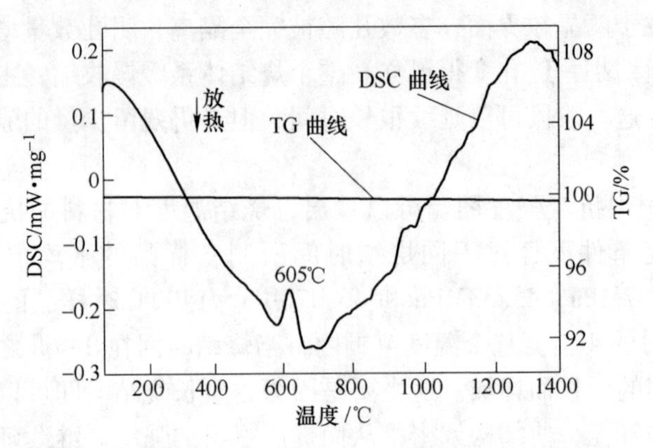

图 3-23　$NiO-Fe_2O_3$-10wt% V_2O_5 体系的 DSC-TG 曲线

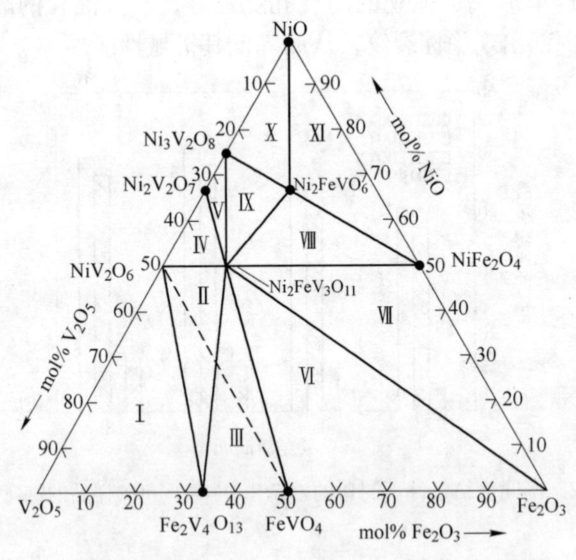

图 3-24　$NiO-V_2O_5-Fe_2O_3$ 的三元相图[10]

检测到了 Ni_2FeVO_6 的衍射峰，说明确有此物质生成。

V_2O_5 添加量对基体结构影响的情况，如图 3-26 所示，样品的烧结条件均为 1300℃、6h。

由图 3-26 可以看到，无添加剂试样的粒径分布均匀，一般约为 2.4μm。添加 0.5wt% V_2O_5 后，部分颗粒明显长大，颗粒黏附在一起形成了明显的烧结颈。根据文献［11］可知，$NiO-V_2O_5-Fe_2O_3$ 体系在烧结过程中形成的低共熔点物质 Ni_2FeVO_6 会以液相的形式存在于颗粒间隙中，从而导致毛细孔压力增加，进而使固相颗粒发生滑移、重排，而趋于最紧密排列。添加 1.0wt% V_2O_5 后，大量小颗粒滑移，并以大颗粒为中心，在其附近重排，颗粒之间结合较为紧密，但晶粒

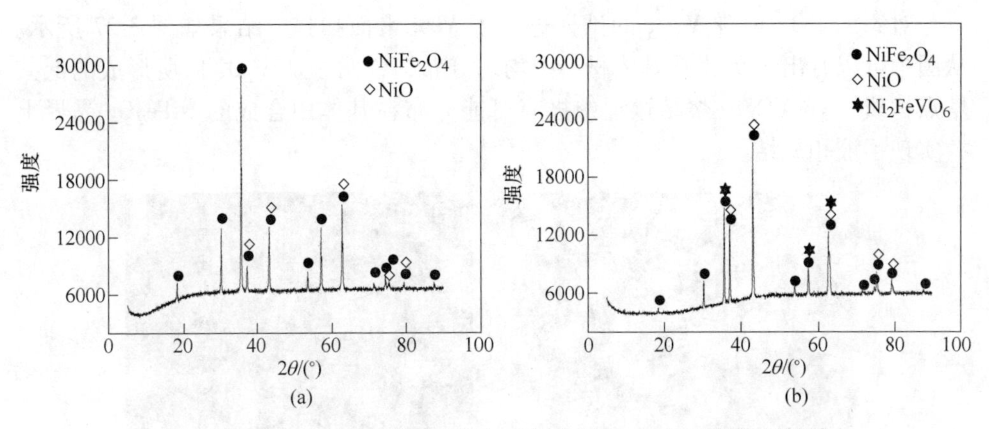

图 3-25　$NiO-Fe_2O_3$ 烧结体系添加不同含量 V_2O_5 的 X 射线衍射谱

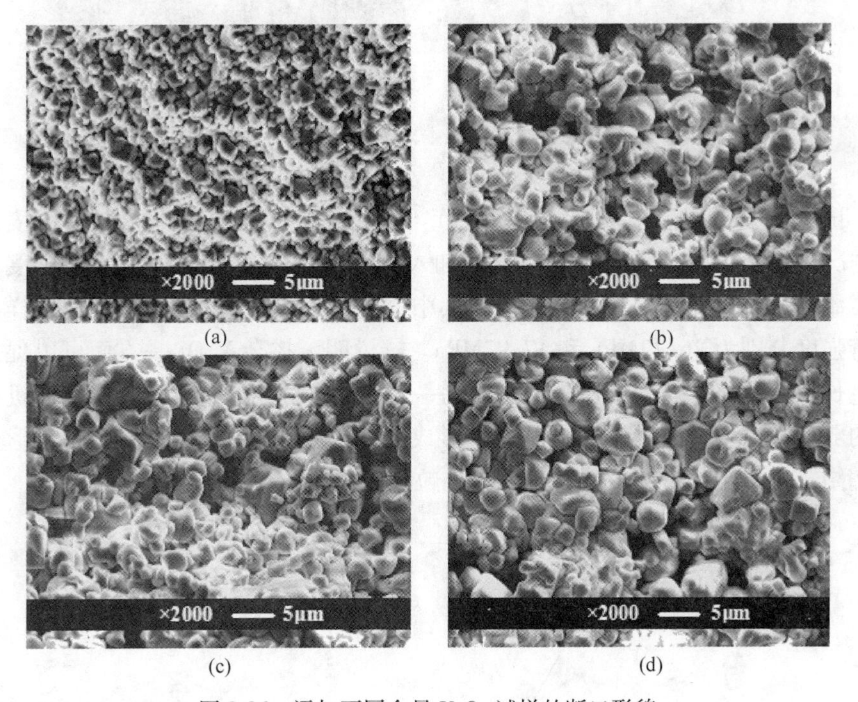

图 3-26　添加不同含量 V_2O_5 试样的断口形貌

（a）$x=0$wt%（未添加 V_2O_5）；（b）$x = 0.5$wt%；（c）$x = 1.0$wt%；（d）$x = 2.5$wt%

尺寸分布不均，基体内出现了异常大尺寸的晶粒。继续增加 V_2O_5 量到 2.5wt% 时，晶粒尺寸分布同样不均匀，并出现了局部大气孔的现象。上述结果说明，原料中添加 V_2O_5 后，基体在烧结过程中，会生成低共熔点物质 Ni_2FeVO_6，此相会促进晶粒生长，但会造成晶粒尺寸分布不均。

对添加了 1.0wt% V_2O_5 的试样进行了 V 元素面扫描，结果如图 3-27 所示。从图中可以看出 V 元素在基体材料中均匀分布，说明添加 V_2O_5 后所形成的低共熔点物质 Ni_2FeVO_6 在烧结过程中极有可能分布在基体中合成的 $NiFe_2O_4$ 晶界上并实现了液相烧结。

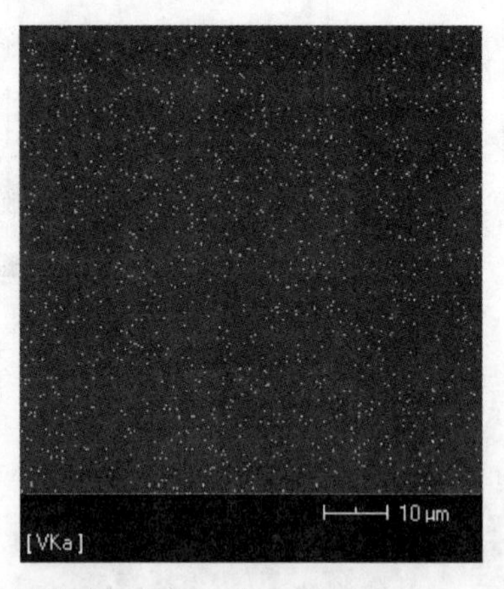

图 3-27　添加 1.0wt% V_2O_5 试样抛光面的 V 元素扫描图像

试样在 1300℃温度下烧结 6h 后，V_2O_5 添加量对基体气孔率和抗弯强度的影响情况，如图 3-28 所示。由图可知，加入 V_2O_5 后试样的气孔率和抗弯强度相对于无添加剂的试样来说都大为减小。其中添加 0.5wt%和 2.5wt% V_2O_5 的样品的抗弯强度分别为 26.72MPa 和 17.92MPa。这说明，掺杂 V_2O_5 一方面可以促进晶粒生长，使得烧结体能够快速致密。另一方面，添加 V_2O_5 也会造成基体机械性能的弱化。这主要因为，烧结过程中形成的低共熔点物质 Ni_2FeVO_6 相会形成液相烧结，导致了部分颗粒异常长大，晶粒大小分布不均匀。

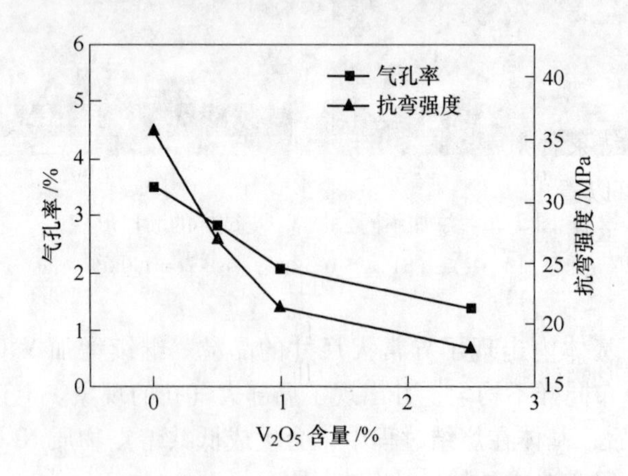

图 3-28　不同含量 V_2O_5 对试样气孔率、抗弯强度的影响

3.2.2.2 不同烧结条件对材料结构和性能的影响

上文分析结果表明，添加 0.5wt% V_2O_5 虽然稍微降低了材料的抗弯强度，但却能降低烧结温度，促进烧结获得较大密度的致密体，因此以添加 0.5wt% V_2O_5 的试样为例，考察了烧结条件对样品微观形貌、气孔率和抗弯强度的影响，烧结温度分别为 1100℃、1200℃、1300℃ 和 1400℃，时间分别为 2h、4h、6h 和 8h，结果如图 3-29～图 3-32 所示。

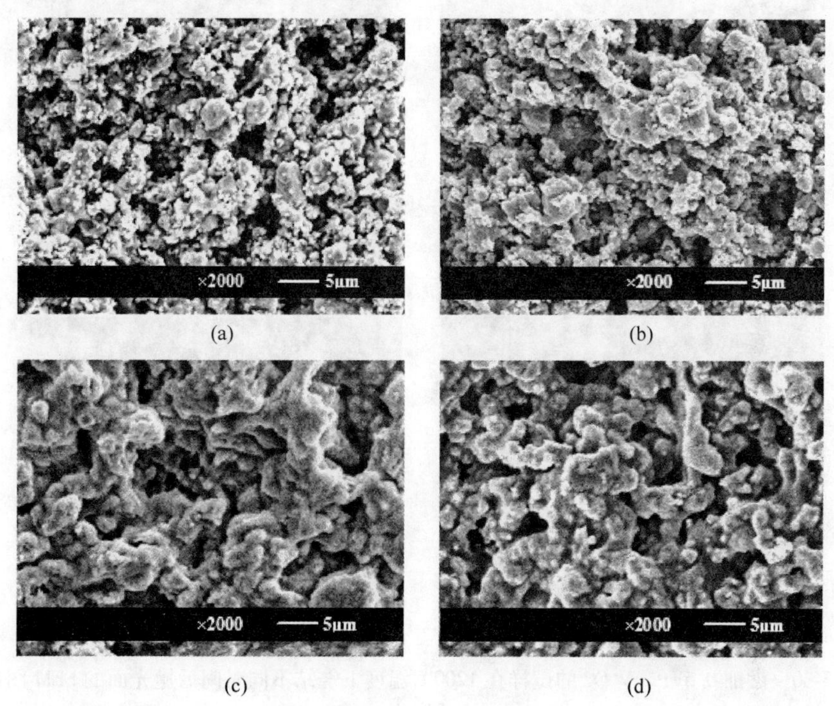

图 3-29 添加 0.5wt% V_2O_5 的试样在 1100℃温度下烧结不同时间后抛光面的 SEM 图片

(a) 2h；(b) 4h；(c) 6h；(d) 8h

A 不同烧结条件对材料结构的影响

从图 3-29 可以看出，在 1100℃温度下，含有 0.5wt% V_2O_5 的样品烧结 2h 后结构比较疏松，平均晶粒尺寸与无添加剂样品的结构基本一致，晶粒尺寸略大，为 1.45μm。从图 3-29（b）～（d）中可以看出，随着烧结时间的延长，更多的 V_2O_5 与基体中的 NiO 和 Fe_2O_3 颗粒间进行反应生成低共熔点物质 Ni_2FeVO_6，并在烧结过程中会形成液相，存在于颗粒的间隙通道中。液相烧结使颗粒间快速接触，并使得小颗粒从接触点处开始溶解，并在曲率半径较大颗粒表面沉淀析出，加速烧结体系的致密化。与相同烧结条件下所制备的不含添加剂样品相比，发现添加 0.5wt% V_2O_5 可以降低体系的烧结温度，提前进行烧结。

由图 3-30 可以看出，添加 0. 5wt% V_2O_5 的试样在 1200℃温度下烧结 2h 后晶粒尺寸分布比较均匀，约为 1. 56μm。烧结 4h 后，部分晶粒长大明显，出现了晶粒尺寸分布不均现象，晶粒的平均尺寸约为 1. 86μm。烧结 6h 后，细小颗粒数量减少，晶粒尺寸略有增大且分布较为均匀，约为 2. 45μm。烧结 8h 后，样品内部的较小晶粒以其周围较大晶粒为中心进行了重新分布，出现晶粒大小分布不均现象，平均晶粒尺寸约为 2. 64μm。

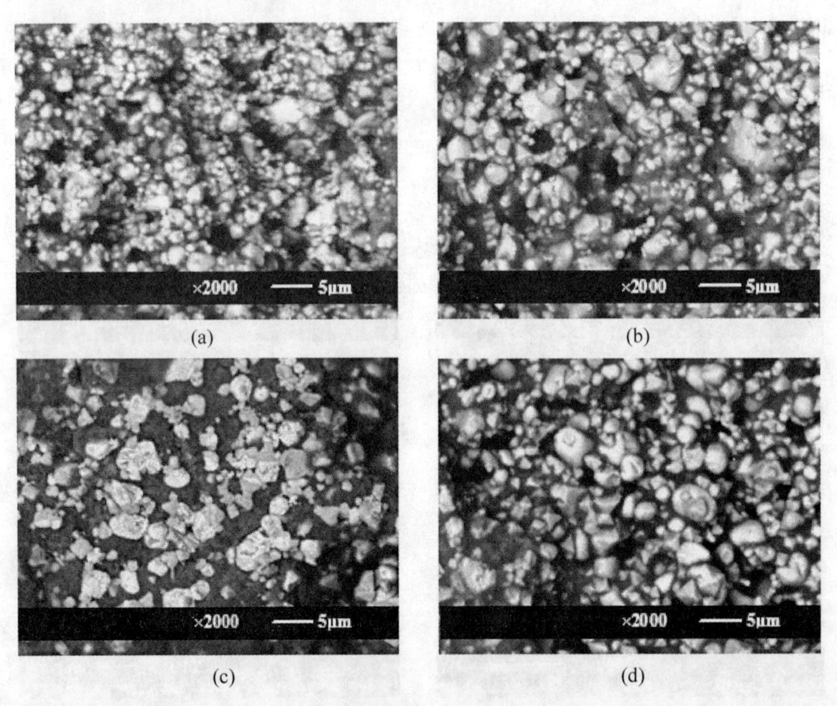

图 3-30 添加 0. 5wt% V_2O_5 的试样在 1200℃温度下烧结不同时间后抛光面的 SEM 图片

(a) 2h；(b) 4h；(c) 6h；(d) 8h

由图 3-31 可以看出，1300℃烧结 2h 后，局部区域的颗粒间处于从点接触向面接触过渡的状态，大多数颗粒间形成了烧结颈，出现了烧结迹象，但由于烧结时间太短，晶粒不能充分生长，尺寸分布不均，平均尺寸约为 2. 71μm。烧结 4h 后，明显看出小晶粒以周围较大晶粒为中心进行了重排，平均尺寸为 3. 89μm。烧结 6h 后，在相同的生长机理作用下，晶粒继续生长，并呈不规则多面体，平均尺寸为 4. 31μm。烧结 8h 后样品平均晶粒尺寸为 5. 36μm 左右，颗粒间结合比较紧密，由于低共熔点物质 Ni_2FeVO_6 的存在，液相烧结促使晶粒重排的迹象很明显，材料结构比较致密，但颗粒仍然呈不规则的多面体。

图 3-32 表明，1400℃烧结 2h 后，粒径分布比较均匀，平均晶粒尺寸约为 6. 51μm；烧结 4h 后，平均晶粒尺寸增加到 9. 85μm 左右。当烧结时间延长至 6h

(a) (b) (c) (d)

图 3-31 添加 0.5wt% V_2O_5 的试样在 1300℃温度下烧结不同时间后抛光面的 SEM 图片
(a) 2h; (b) 4h; (c) 6h; (d) 8h

时，平均晶粒尺寸快速上升到 12.07μm 左右，晶粒尺寸分布均匀，晶界变得比较模糊。烧结 8h 后颗粒仍然呈不规则多面体，平均晶粒尺寸约为 18.14μm，颗粒间形成了一些封闭气孔，并出现了异常长大的晶粒。与相同烧结条件下制备的不含添加剂样品相比可知，V_2O_5 表现出了明显促进晶粒长大，加快基体材料致密化进程的作用，同时 1400℃条件下进行烧结，延长烧结时间对晶粒长大的促进作用很明显，但应注意防止晶粒异常长大而弱化材料性能。

B 不同烧结条件对材料气孔率和抗弯强度的影响

图 3-33 反映了掺杂 0.5wt% V_2O_5 样品气孔率随烧结温度和烧结时间变化的情况。由图可知，1100℃时，延长烧结时间并不能降低样品的气孔率，不同烧结时间下平均气孔率约为 33.38%，与相同条件下制备的无添加剂样品的平均气孔率比较接近。温度升高到 1200℃，样品的平均气孔率为 27.66%。在这一阶段，整个烧结体几乎不发生收缩，气孔连通，密度增加极微。当升温到 1300℃时，平均气孔率骤减到 2.74%，几乎是相同条件下所制备无掺杂剂样品平均气孔率的 1/2。升温到 1400℃，发现平均气孔率为 1.91%，与 1300℃相比略低，但较为接近，推测其原因为烧结温度较高时，晶粒生长速度过快，使多数孔隙被完全隔离，形成了封闭气孔，而封闭气孔很难排除。

图 3-32　添加 0.5wt% V_2O_5 的试样在 1400℃温度下烧结不同时间后抛光面的 SEM 图片
(a) 2h；(b) 4h；(c) 6h；(d) 8h

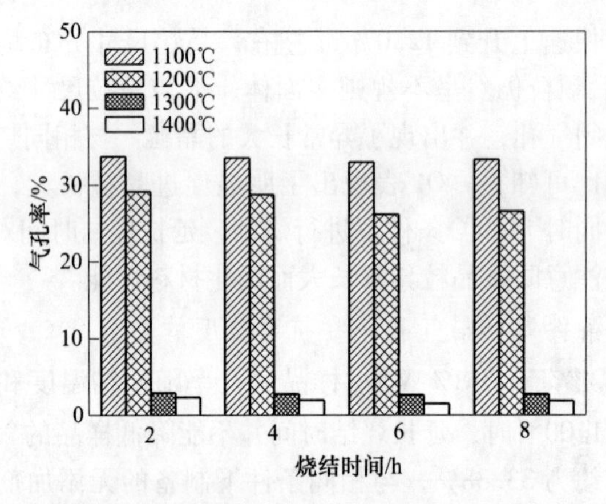

图 3-33　不同烧结条件下制备的掺杂 0.5wt% V_2O_5 样品的气孔率

图 3-34 为试样抗弯强度图，由图可知，烧结温度对材料的抗弯强度影响很大，在 1100℃、1200℃、1300℃和 1400℃温度下经过不同烧结时间所制备样品的平均抗弯强度分别为 11.9MPa、13.6MPa、24.2MPa 和 35MPa。添加 0.5wt% V_2O_5 后在 1100℃条件下制备得到样品的平均抗弯强度与无添加剂样品的抗弯强

度相当，而在1200~1400℃温度范围内制备所得样品的平均抗弯强度均比无添加剂样品的小，这主要是因为添加 0.5wt% V_2O_5 后所生成的低共熔点物质 Ni_2FeVO_6 会在烧结过程中产生液相，促进体系烧结的同时造成了部分晶粒的异常生长而导致了机械性能的弱化。添加了 0.5wt% V_2O_5 样品的抗弯强度随烧结时间的变化情况，与添加了 1.0wt% MnO_2 的样品相似，烧结时间在 2~6h 之间时，抗弯强度随着烧结时间的延长而增加，烧结时间延长到 8h 时，样品的抗弯强度出现小幅下降。

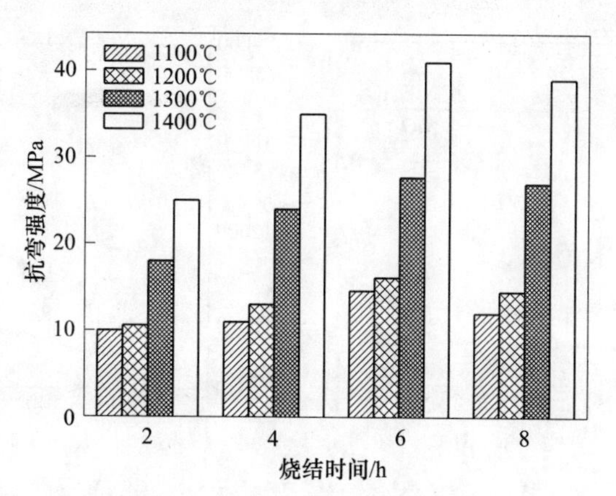

图 3-34 不同烧结条件下制备的掺杂 0.5wt% V_2O_5 样品的抗弯强度

3.2.3 TiO_2 对 $NiFe_2O_4$ 结构和性能的影响

3.2.3.1 TiO_2 对材料物相、结构和性能的影响

为了考察 TiO_2 对制备所得样品物相组成的影响，我们对 10wt% TiO_2 掺杂的试样进行了 TG-DSC 分析，结果如图 3-35 所示。

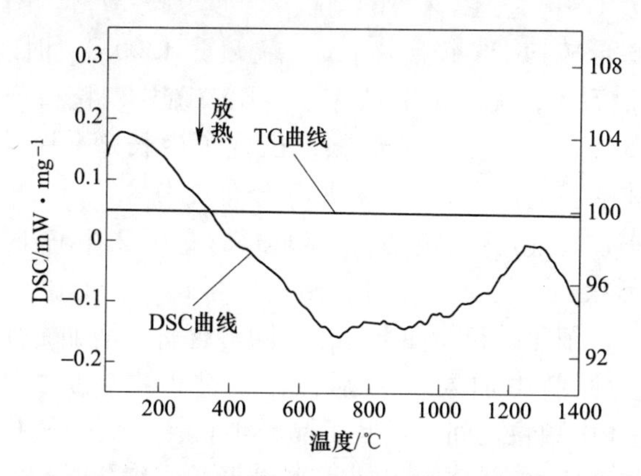

图 3-35 $NiO-Fe_2O_3$-10wt% TiO_2 体系的 DSC-TG 曲线

从图 3-35 可以看出，在整个升温过程中 DSC 曲线比较光滑，没有明显的吸热及放热峰出现，重量减少甚微，这说明该体系在烧结过程中发生的反应并不是在某一特定温度下进行，而是随着烧结致密化的进程而逐步完成的，整个体系处于比较稳定的状态。

为考察 TiO_2 对合成 $NiFe_2O_4$ 尖晶石物相变化的影响，以 0wt%和 2. 5wt%两种 TiO_2 添加水平制备所得样品为例，进行了 XRD 物相分析，得到结果如图 3-36 所示。

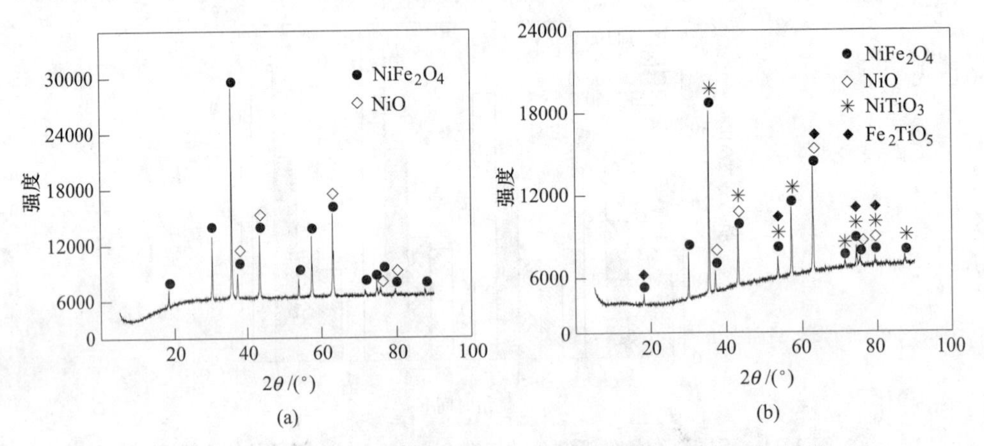

图 3-36 NiO-Fe_2O_3 烧结体系添加不同含量 TiO_2 的 X 射线衍射谱

（a）不添加 TiO_2；（b）添加 2. 5wt% TiO_2

从图 3-36 可以看出，添加 TiO_2 之前除了呈现镍铁尖晶石结构和 NiO 的衍射峰外，几乎无其他杂峰。添加 2. 5wt% TiO_2 之后，基体中出现了两种新物质 $NiTiO_3$ 和 Fe_2TiO_5 生成，这与 Khedr 等人[12]的研究发现一致。可能因为此处新物质生成的量较少，所以未在 TG-DSC 曲线上表现出来。

添加不同含量 TiO_2 后基体材料的结构变化见图 3-37，该图是添加不同含量 TiO_2 后试样的断口形貌扫描电镜照片，烧结温度为 1300℃，时间 6h。

由图 3-37 可以看出，无添加剂试样结构比较疏松，粒径分布均匀，一般为 2~3μm。添加 0. 5wt% TiO_2 后，局部颗粒出现了生长现象。添加 1. 0wt% TiO_2 后，晶粒的多面体形貌变得模糊，晶粒尺寸分布较为均匀，一般约为 3μm，颗粒之间结合较为紧密，且气孔明显减少。当 TiO_2 含量为 2. 5wt%时，平均晶粒尺寸为 2. 4μm，晶粒形状趋于类圆形，材料结构变得致密。上述结果说明添加 TiO_2 可以改变晶粒形状，细化晶粒，促进烧结，随着含量的增加，促烧的效果更加明显。这主要是因为原料中加入 TiO_2 后，合成过程中生成的新物质 $NiTiO_3$ 和 Fe_2TiO_5 分布在基体中颗粒之间，抑制了晶粒生长，并促使气孔的排除。通过比较发现，此处添加 2. 5wt% TiO_2 可以改变晶粒形貌，细化晶粒，促进烧结，提高

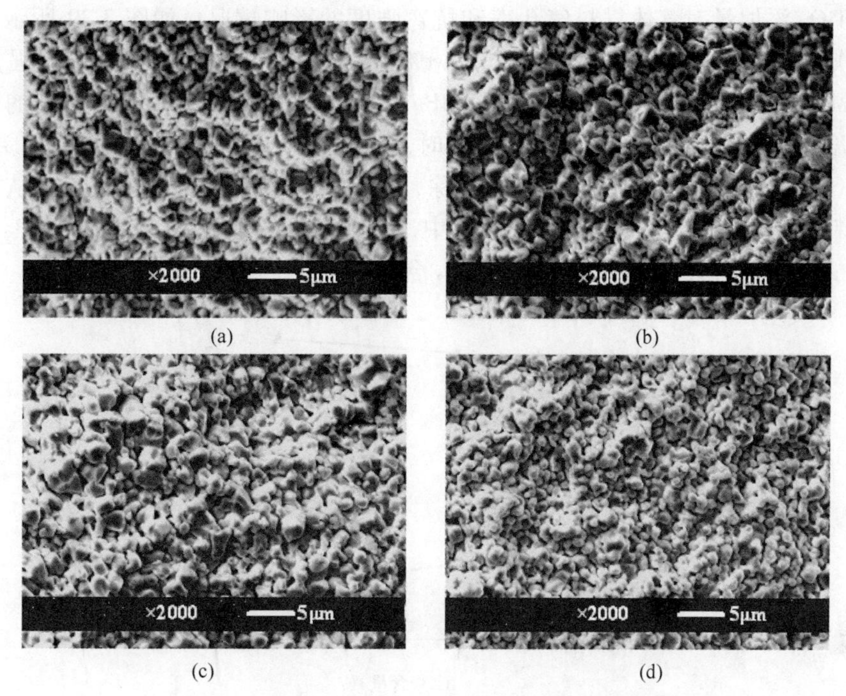

(a) (b)

(c) (d)

图 3-37 不同 TiO_2 添加量的试样的扫描电镜照片

(a) x = 0wt%；(b) x = 0.5wt%；(c) x = 1.0wt%；(d) x = 2.5wt%

材料致密度。

对添加了 2.5wt% TiO_2 的试样进行了 Ti 元素的面扫描，结果如图 3-38 所示。从图中可以看出 Ti 元素在基体材料中均匀分布，说明添加 TiO_2 后生成的新物质 $NiTiO_3$ 和 Fe_2TiO_5 极有可能分布在基体中的颗粒之间。

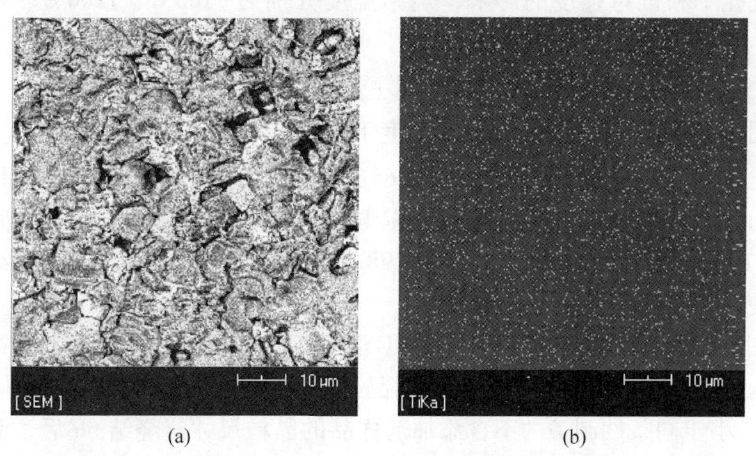

(a) (b)

图 3-38 添加 2.5wt% TiO_2 试样抛光面的 Ti 元素扫描图像

TiO_2 添加量对基体材料气孔率和抗弯强度的影响情况，如图 3-39 所示。由图可知，向原料中加入 0.5wt%、1.0wt%、2.5wt% TiO_2 后试样的抗弯强度从 35.6MPa 分别上升到 49.1MPa、69.9MPa 和 72.3MPa。气孔率随着 TiO_2 的引入大幅度下降，当 TiO_2 添加量为 2.5wt%时，气孔率降低到 2.43%。这说明掺杂微量 TiO_2 可以促进烧结，利于气孔的排除，加速烧结体系的致密化进程，从而优化材料性能。在本文的 TiO_2 添加水平中，抗弯强度的最大值约为 72.3MPa，气孔率的最小值约为 2.43%，出现在 TiO_2 含量为 2.5wt%处。

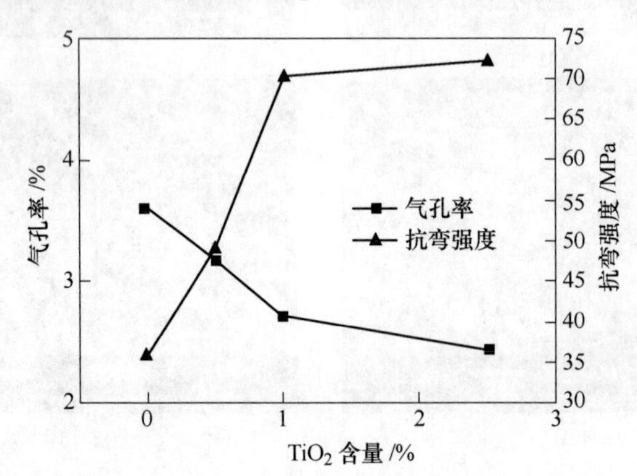

图 3-39　不同含量 TiO_2 对试样气孔率、抗弯强度的影响

3.2.3.2　不同烧结条件对材料结构和性能的影响

上文分析结果表明，添加 2.5wt% TiO_2 后晶粒得到细化，结构较致密，抗弯强度得到提高。现以添加 2.5wt% TiO_2 的试样为例，考察了烧结条件对样品微观形貌、气孔率和抗弯强度的影响，烧结温度分别为 1100℃、1200℃、1300℃和 1400℃，结果如图 3-40～图 3-43 所示。

A　不同烧结条件对材料结构的影响

由图 3-40 可以看出，在 1100℃温度下，含有 2.5wt%TiO_2 的样品烧结 2h 后的结构比较疏松，平均晶粒尺寸为 0.65μm，比无添加剂样品的平均晶粒尺寸（1.13μm）要小。烧结 4h 后，样品的晶粒尺寸没有明显增加。烧结时间延长至 6h 和 8h 时，晶粒尺寸分布在 0.79～0.98μm 范围内，这说明，延长烧结时间并不能促使晶粒明显长大。

由图 3-41 可以看出，试样在 1200℃温度下烧结 2h 后晶粒尺寸分布比较均匀，约为-1.01μm。烧结 4h 后，个别晶粒长大较为明显，晶粒的平均尺寸为 1.22μm，小于同条件制备的不含添加剂样品的晶粒尺寸。烧结 6h 后，晶粒尺寸略有增大，约为 1.89μm。烧结时间延长至 8h，平均晶粒尺寸为 1.68μm，与烧

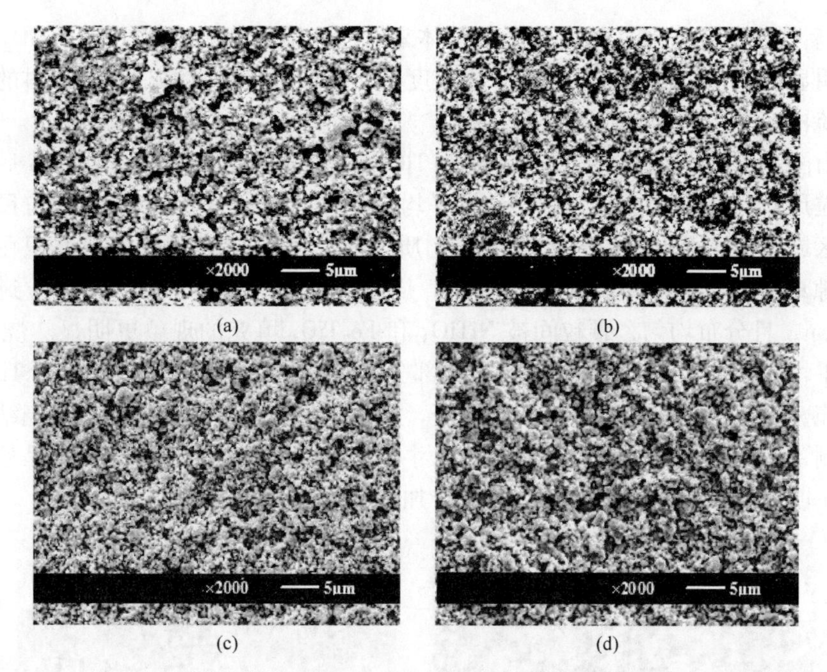

图 3-40 添加 2.5wt% TiO_2 的试样在 1100℃温度下烧结不同时间后抛光面的 SEM 图片
(a) 2h; (b) 4h; (c) 6h; (d) 8h

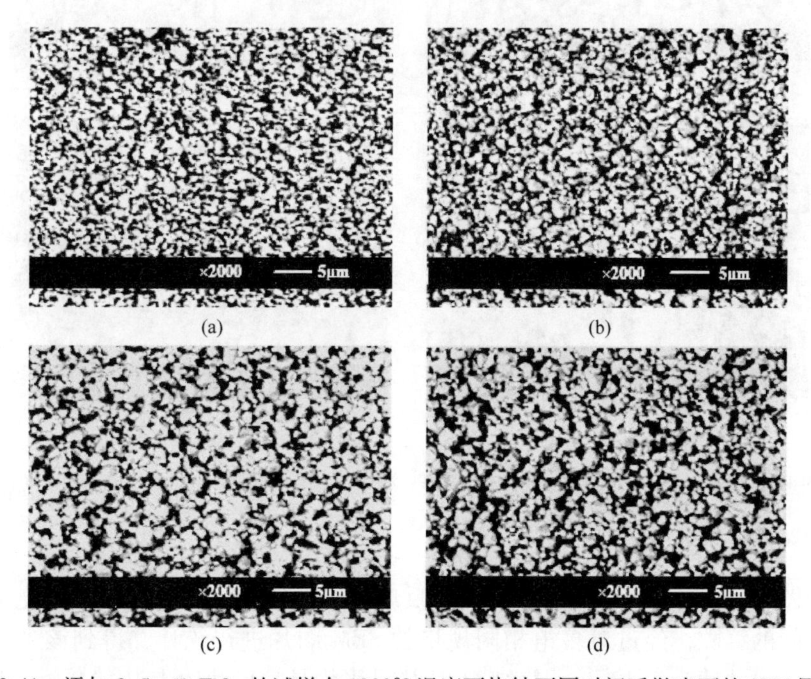

图 3-41 添加 2.5wt% TiO_2 的试样在 1200℃温度下烧结不同时间后抛光面的 SEM 图片
(a) 2h; (b) 4h; (c) 6h; (d) 8h

结 6h 后样品的晶粒尺寸相比较小。整体来看，烧结温度为 1200℃ 时，TiO_2 表现出了明显的细化晶粒作用，但由于该温度下，体系刚开始收缩，基体材料的结构比较疏松，气孔仍然呈连通状态。

由图 3-42 可以看出，添加 2.5wt% TiO_2 试样在 1300℃ 温度下烧结 2h 后的平均晶粒尺寸约为 2.05μm。烧结 4h 后平均晶粒尺寸增加到 3.44μm，晶粒尺寸较大的区域，明显看出颗粒间的缝隙被物质填充，经过 EDS 分析发现堆积在颗粒间缝隙中的物质为 $NiTiO_3$ 和 Fe_2TiO_5。烧结 6h 后，平均晶粒尺寸上升到约为 3.78μm，且分布均匀，颗粒间被 $NiTiO_3$ 和 Fe_2TiO_5 填充的现象更明显。烧结 8h 后的平均晶粒尺寸为 5.31μm，并且大部分颗粒间的缝隙被 $NiTiO_3$ 和 Fe_2TiO_5 成分填充，材料的气孔较少，结构很致密。添加 2.5wt% TiO_2 试样与相同烧结条件下所制备不含添加剂样品的平均晶粒尺寸相比较小，延长烧结时间促进晶粒长大作用不明显，TiO_2 表现出了细化晶粒，加速基体致密化的作用。

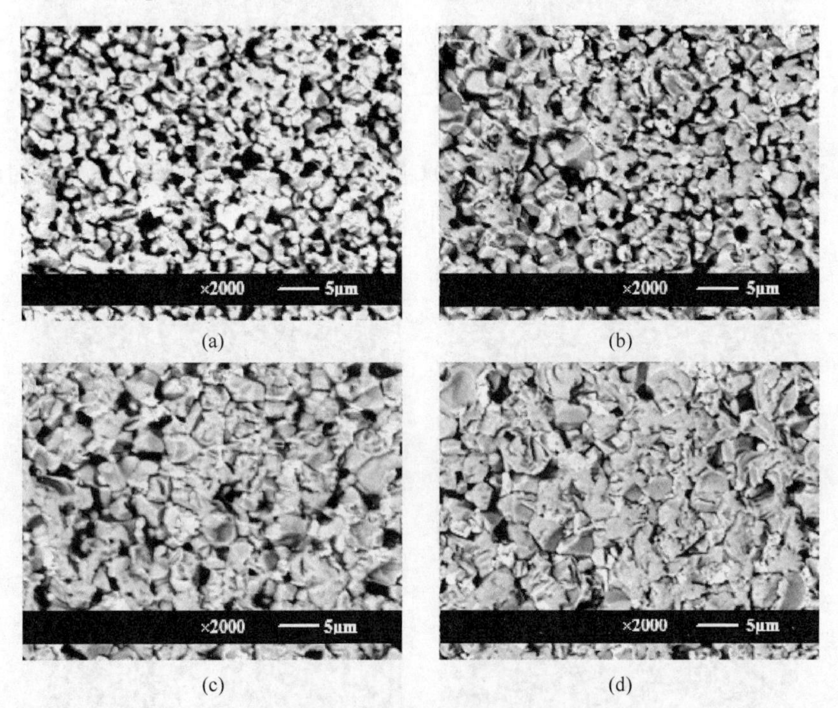

图 3-42　添加 2.5wt% TiO_2 的试样在 1300℃ 温度下烧结不同时间后抛光面的 SEM 图片
(a) 2h; (b) 4h; (c) 6h; (d) 8h

由图 3-43 可知，样品烧结 2h 后，反应生成的 $NiTiO_3$ 和 Fe_2TiO_5 填充了大部分颗粒间的缝隙，经过对多组相同规格的 SEM 图片进行统计，得到该条件下的平均晶粒尺寸约为 5.13μm。烧结 4h 后样品平均晶粒尺寸约为 10.24μm，并且颗粒之间结合十分紧密，绝大部分气孔被排除，结构相当致密。烧结时间为 6h 时，随着反应的进行，生成的物质在挤满颗粒间的缝隙之后，多出的部分便包覆在晶粒外面，继续限制晶粒生长。由于大部分晶粒被包覆，很难在一张 SEM 图片中对晶粒尺寸进行统计，经过对多组相同规格的 SEM 图片进行统计，得到该条件下的平均晶粒尺寸约为 13.35μm。烧结 8h 后，晶粒界面几乎完全被覆盖，此时统计平均晶粒尺寸已经变得相当困难，整个烧结体几乎达到完全致密。

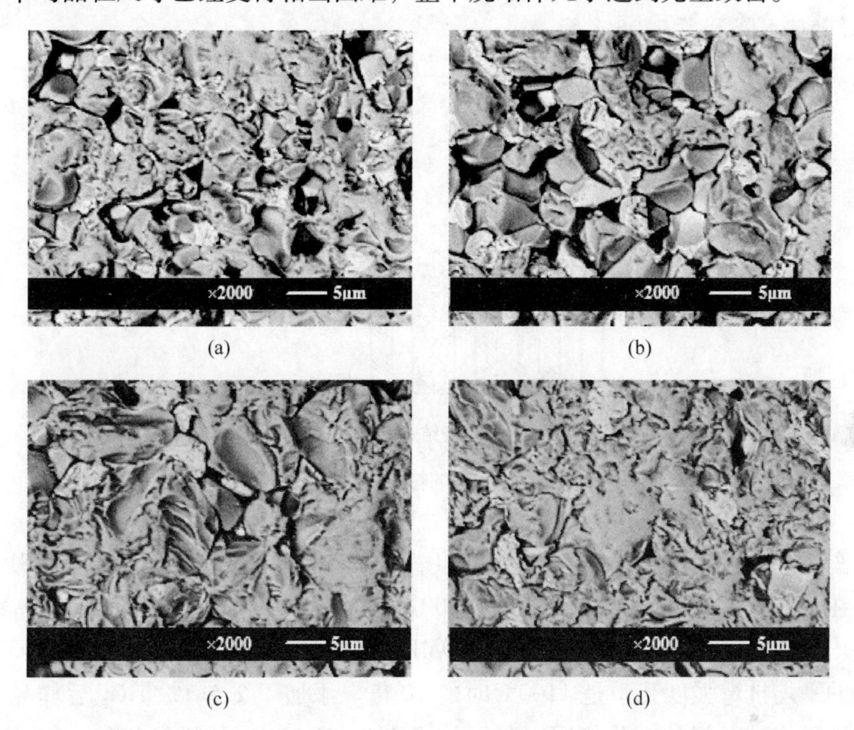

图 3-43 添加 2.5wt% TiO_2 的试样在 1400℃温度下烧结不同时间后抛光面的 SEM 图片
(a) 2h; (b) 4h; (c) 6h; (d) 8h

B 不同烧结条件对材料气孔率和抗弯强度的影响

图 3-44 反映了样品气孔率随烧结温度和烧结时间变化的情况，从图中可以看出，在 1100℃时，延长烧结时间可以明显减小样品的气孔率，不同烧结时间所制备样品的平均气孔率约为 19.38%。由前面的分析可知，尽管该温度下整个体系刚开始烧结，颗粒间多为点接触，气孔是连通的，但是反应生成的新物质，$NiTiO_3$ 和 Fe_2TiO_5 会分散在颗粒之间，这有利于排除材料中的气孔。当温度升高到 1200℃时，样品的平均气孔率约为 15.26%。此时体系处于烧结初期，颗粒间从点接触过渡到面接触，这时形成的晶界或者界面相互间是分开的，随着晶界发生迁移，晶粒开始长大，在这一阶段，颗粒外形基本不变，整个烧结体不发生收缩，气孔仍然是连通的，但生成的 $NiTiO_3$ 和 Fe_2TiO_5 填充了晶界间的部分缝隙，

提高了结构的致密性。1300℃时，烧结 2h 和 4h 后样品的气孔率分别为 33.43% 和 18.18%，烧结 6h 和 8h 后样品的气孔率急速下降至 2.43% 和 0.31%，材料接近完全致密。这主要因为，较高温度下晶粒开始长大，同时反应生成的 $NiTiO_3$ 和 Fe_2TiO_5 快速填充颗粒间的缝隙，而迅速排除气孔。将温度升高到 1400℃时，延长烧结时间也会迅速降低样品的气孔率，时间从 2h 延长至 8h，气孔率从开始的 31.95% 下降到了 0.05%。

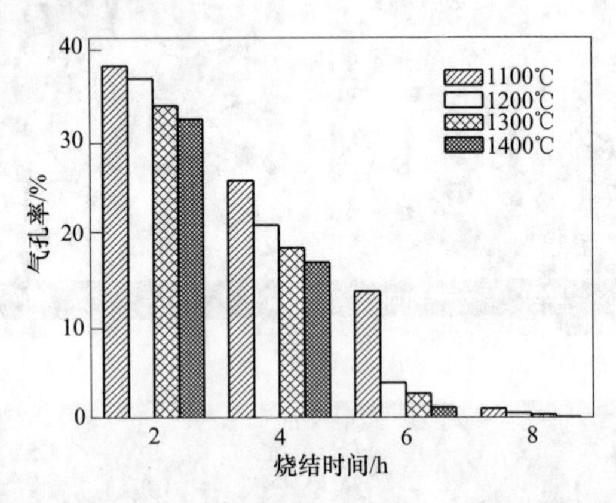

图 3-44　不同烧结条件下制备的掺杂 2.5wt% TiO_2 样品的气孔率

图 3-45 为试样的抗弯强度图，可以看出烧结温度对材料的抗弯强度影响很大，在 1100℃、1200℃、1300℃和 1400℃温度下经过不同烧结时间所制备样品的平均抗弯强度分别为 12.6MPa、32.9MPa、69.5MPa 和 111.75MPa。1400℃时样品的平均抗弯强度几乎是 1100℃时的 10 倍。添加了 2.5wt% TiO_2 后样品的抗弯强度随烧结时间的变化情况，与添加了 1.0wt% MnO_2 的样品相似，烧结时间在 2~6h 之间时，抗弯强度随着烧结时间的延长而增加，烧结时间延长到 8h 时，样品的抗弯强度出现小幅下降。这主要是温度较低时，烧结体系的气孔呈连通状

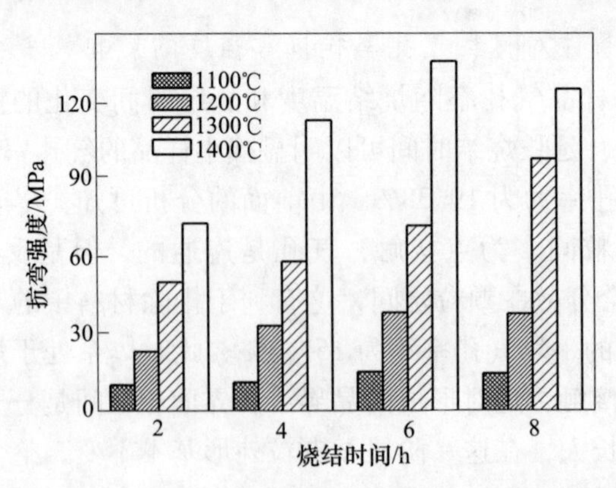

图 3-45　不同烧结条件下制备的掺杂 2.5wt% TiO_2 样品的抗弯强度

态，组织结构较为疏松，强度普遍很低；在较高温度下，延长烧结时间可以促使晶粒长大，有利于反应所生成的 $NiTiO_3$ 和 Fe_2TiO_5 物质填充颗粒间的缝隙，使结构致密，从而提高材料强度。但是烧结时间过长会使结构中容易形成孤立的闭气孔而不易排除，较大晶粒的晶界上有应力存在，使其内部出现隐性裂纹，使材料的机械性能下降。

3.2.4 TiN 对 $NiFe_2O_4$ 陶瓷基惰性阳极材料结构和性能的影响

3.2.4.1 烧结气氛对 $NiFe_2O_4$ 陶瓷基惰性阳极材料结构和性能的影响

制备的样品经过抛光后，对不同烧结气氛下 $NiO-Fe_2O_3$-10wt% Nano-TiN 试样的物相的 X 射线衍射图谱分析结果如图 3-46 所示。

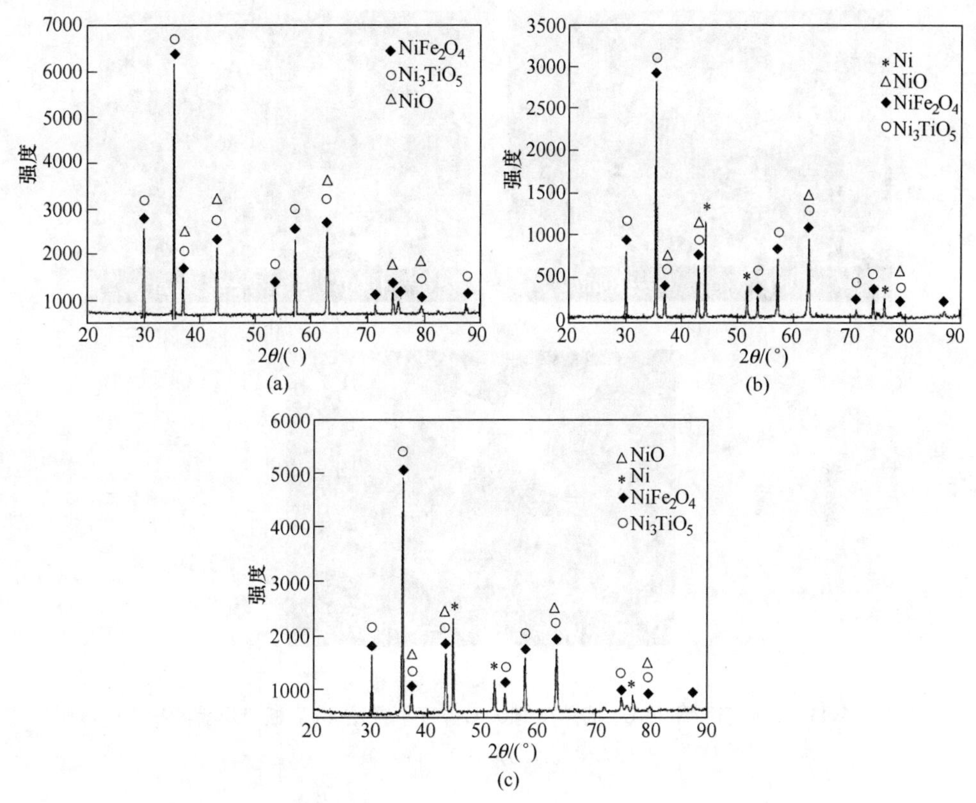

图 3-46 $NiO-Fe_2O_3$-10wt% Nano-TiN 体系在不同气氛下

（a）空气；（b）氮气；（c）氩气的 X 射线衍射谱图

由图 3-46 可以看出，$NiO-Fe_2O_3$-10wt% Nano-TiN 体系在空气气氛下烧结的 X 射线衍射图谱衍射峰主要呈现出 $NiFe_2O_4$、Ni_3TiO_5 以及 NiO 的衍射峰，再无其他物相衍射峰，这与根据热力学数据计算推测可能生成的物质也相同。另外，在氮气和氩气气氛下烧结样品的 X 射线衍射峰相似，只有 Ni、NiO、$NiFe_2O_4$ 和 Ni_3TiO_5 四种物相出现。与空气气氛下 $NiFe_2O_4$ 基体掺杂 TiN 烧结试样的 X 射线衍射图谱相比较，物质中出现了新物相单质 Ni。

对比发现，试样物相的主要成分 NiO、$NiFe_2O_4$ 和 Ni_3TiO_5 的衍射峰强度在三种气氛下的大小排序为：空气>氩气>氮气，空气气氛下的衍射峰强度最大，而唯一的区别是 NiO-Fe_2O_3-10wt% Nano-TiN 体系在氩气和氮气气氛下生成金属镍，这可能是由于在没有氧分压的情况下，基体中 Fe_2O_3、NiO 与 TiN 物质间发生了化学反应，生成了金属 Ni 相。

图 3-47 为 $NiFe_2O_4$ 基体掺杂 4wt% TiN，在不同气氛下于 1400℃ 温度，保温时间 4h 后断口形貌的扫描电镜照片。

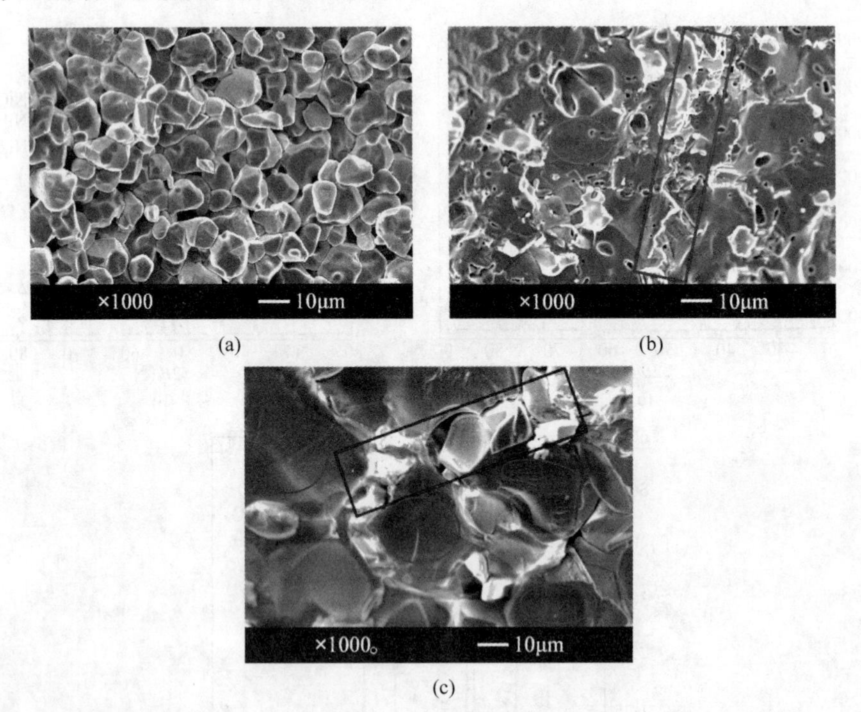

图 3-47　4wt% Nano-TiN/$NiFe_2O_4$ 试样在 1400℃ 温度下烧结 4h 后断口形貌的扫描电镜照片

(a) 空气；(b) 氩气；(c) 氮气

从图 3-47 可以看出，在三种气氛下烧结的试样，在其他条件都相同的前提下，各种气氛下烧结后，断口形貌出现了明显的差异性。空气气氛下合成的样品出现了明显的烧结轨迹，晶粒尺寸较均匀，基体中的晶粒呈现点接触模式，晶界非常清晰。在氩气和氮气气氛下烧结的试样微观结构较密实，基体中晶粒晶界变得模糊，较难分辨，且在这两种气氛下烧结所得试样基体结构中出现了相当数量的微孔，这可能是因为 TiN 分别与基体中的 Fe_2O_3、NiO 发生反应释放出了 N_2 所致。

另外，从图 3-47 可以看出，添加 Nano-TiN 前后，材料的断裂方式也不一样，空气气氛条件下，以沿晶断裂为主（如图 3-47（a）所示），而氩气（图 3-47（b））和氮气（图 3-47（c））条件下所制样品的断裂方式，不仅有沿晶断裂（图中蓝色局部区域示例），也出现了穿晶断裂模式（红色区域示例）。

采用 EDS 能谱对断口微区进行成分分析，打点分析结果发现氩气和氮气两种气氛条件下物相成分近似，现以氩气条件下的 EDS 分析为例（图 3-48）。氩气气氛下于 1400℃烧结 4h 合成 4wt% Nano-TiN/$NiFe_2O_4$ 断口进行微区 EDS 分析，打点分析结果见表 3-1。

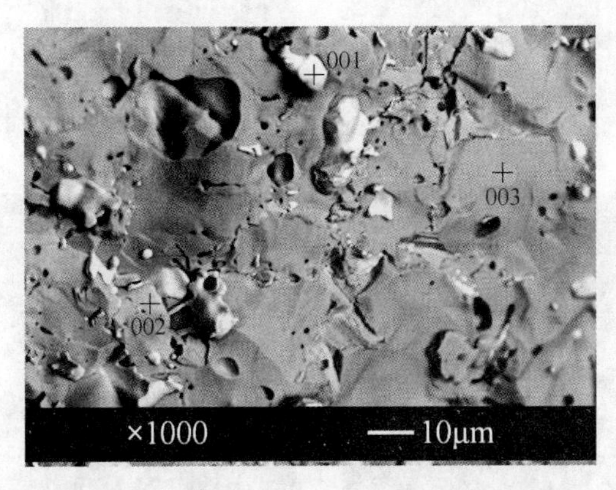

图 3-48 氩气气氛下于 1400℃烧结 4h 合成 4wt% Nano-TiN/$NiFe_2O_4$ 断口微区 EDS 分析

表 3-1 氩气气氛下于 1400℃烧结 4h 合成 4wt% Nano-TiN/$NiFe_2O_4$ 的微区 EDS 分析结果

物相	元素含量/wt%			
	Fe	Ni	Ti	O
001	6.80	93.20	—	—
002	58.17	21.01	2.43	18.39
003	57.22	20.32	5.87	16.59

通过分析发现，基体材料中白色物相（点 001）为 Ni/Fe 合金相，基体相（点 002 和点 003）除了 N 元素，其余主相元素均存在，结合前期的 TG-DSC 热分析可推知发生了以下反应：

$$NiO + Fe_2O_3 \longrightarrow NiFe_2O_4 \tag{3-5}$$

$$4Fe_2O_3 + 6TiN \longrightarrow 8Fe + 6TiO_2 + 3N_2 \tag{3-6}$$

$$4NiO + 2TiN \longrightarrow 4Ni + 2TiO_2 + N_2 \tag{3-7}$$

另外，反应过程中生成的 N_2 会导致材料结构微孔的产生，且 TiN 分别与 Fe_2O_3 和 NiO 反应产生的铁、镍熔化后冷却，得铁镍合金。

对三种气氛下所制试样抛光后进行了部分元素的面扫描分析，结果分别如图 3-49～图 3-51 所示。

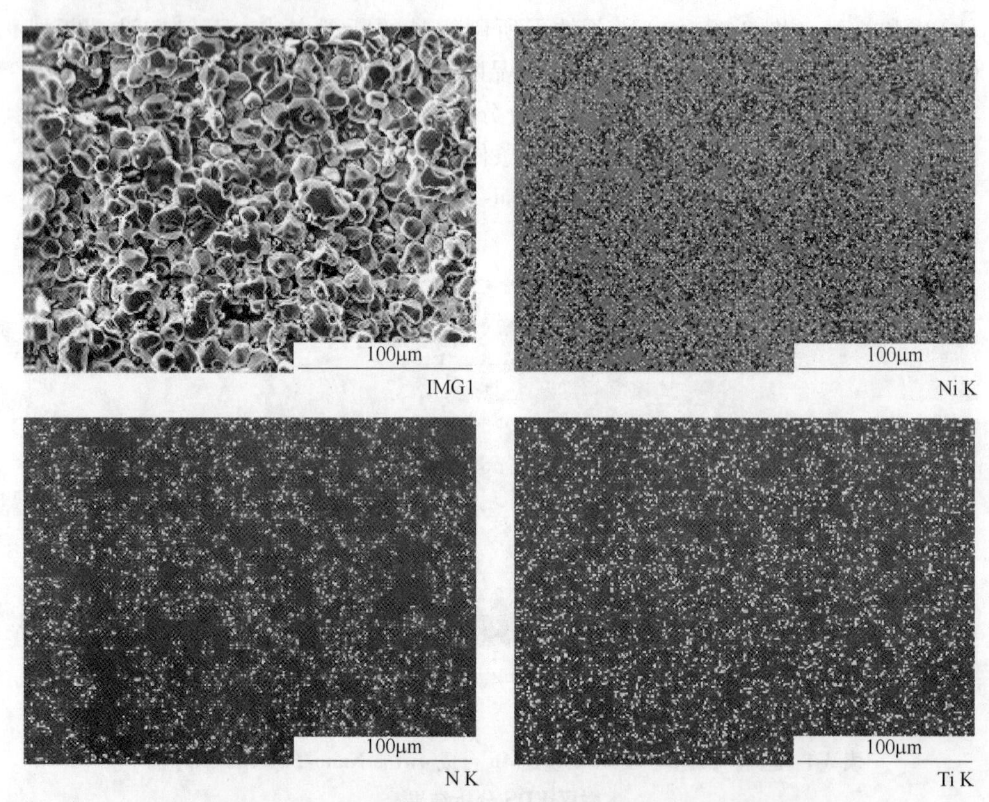

图 3-49 空气气氛下于 1400℃ 烧结 4h 制备 4wt% Nano-TiN/$NiFe_2O_4$ 试样抛光面的元素面扫描图像

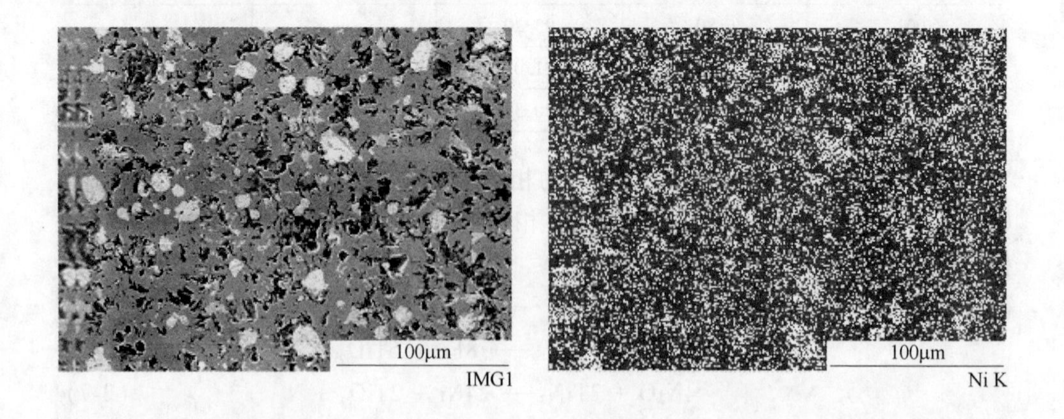

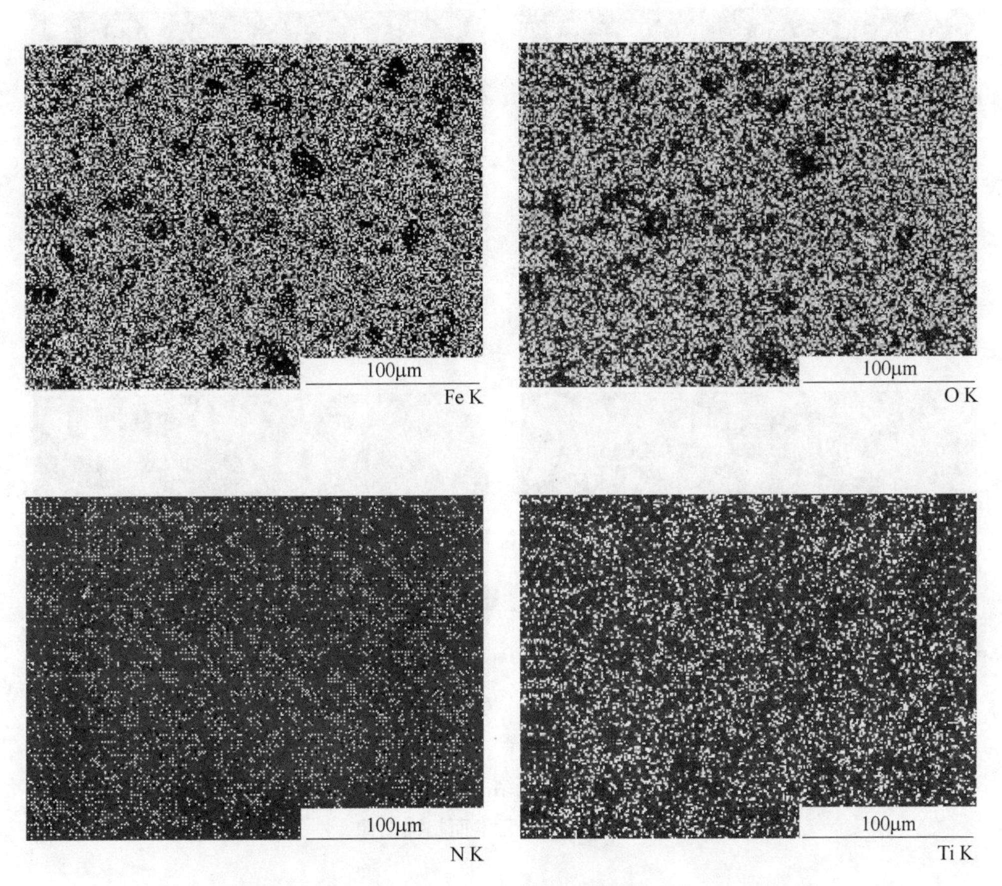

图 3-50 氩气气氛下于 1400℃烧结 4h 制备 4wt% Nano-TiN/$NiFe_2O_4$ 试样抛光面的元素面扫描图像

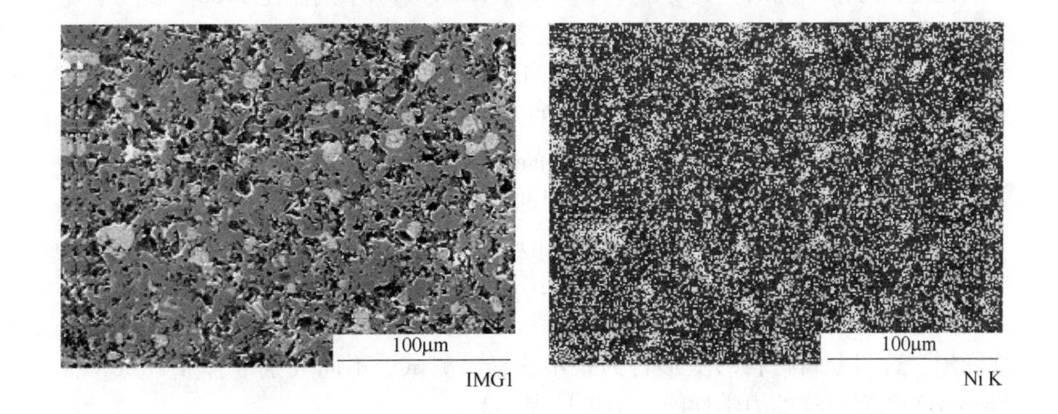

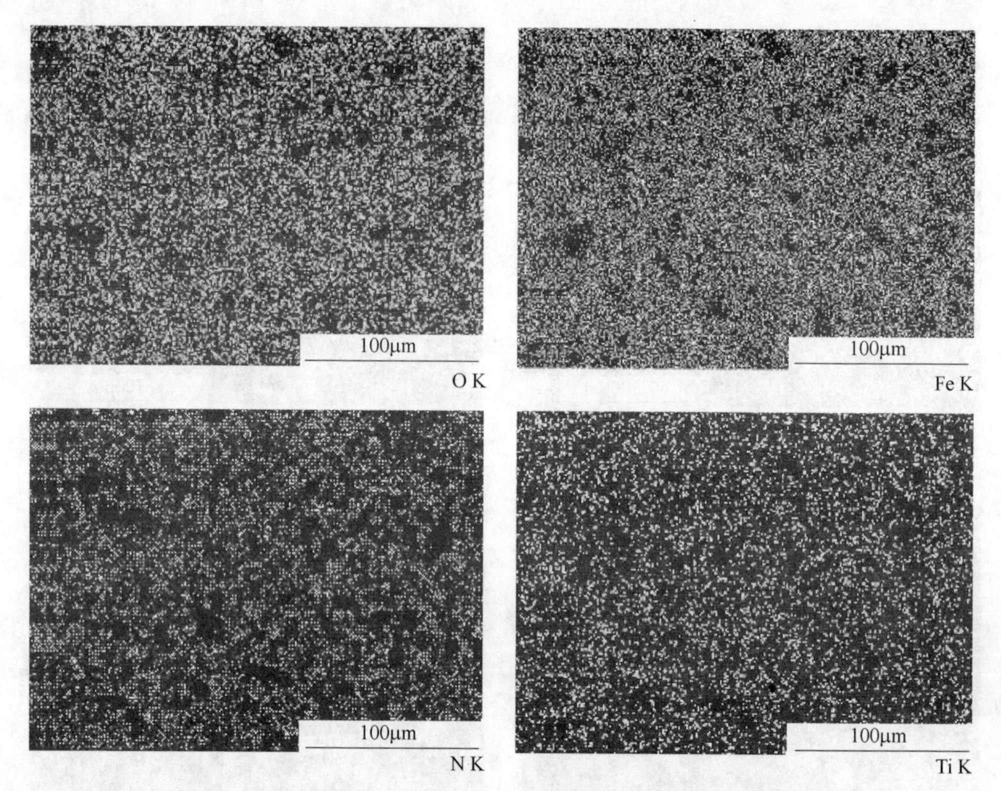

图 3-51　氮气气氛下于 1400℃烧结 4h 制备 4wt% Nano-TiN/$NiFe_2O_4$ 试样抛光面的元素面扫描图像

从上述不同气氛条件下试样面扫描分析结果可以发现 O、Ni、Fe、Ti 及 N 各元素在基体内都呈现均匀分布形态，N 元素含量相对较低，主要是因为可能 N 元素最终以气态形式从基体中逸出。

此外，考察了烧结气氛对于 4wt% Nano-TiN/$NiFe_2O_4$ 试样在 1400℃温度下烧结 4h 后密度和气孔率的影响。经过对比实验发现，氩气和氮气烧制试样的密度分别达到 4.78g/cm^3、4.51g/cm^3，明显高于空气气氛下的 4.17g/cm^3；气孔率分别为 3.0%、3.6%，远小于空气气氛下的 14.4%。

在此基础上，研究了烧结气氛对样品力学性能的影响，图 3-52 所示为不同气氛下 4wt% Nano-TiN/$NiFe_2O_4$ 试样在 1300℃温度下烧结 4h 的应力-应变曲线。

通过图 3-52 可以发现，三种气氛下的应力-应变曲线均呈现典型的脆性材料特征，在 0.5mm/min 加载速率下，前期均出现了均匀的弯曲变形，这一现象持续到临界载荷出现。当超过临界载荷值后，陶瓷即刻断裂，并没有出现明显的塑性变形，这和金属材料的变形行为很不一样。测试了不同气氛下合成 $NiFe_2O_4$/Nano-TiN 陶瓷试样的力学性能，结果见表 3-2。

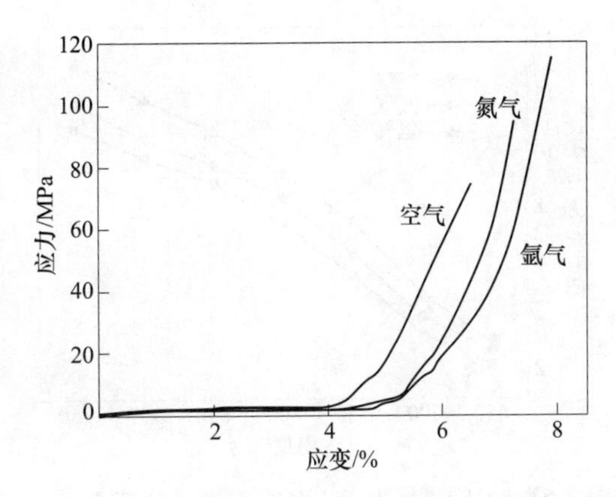

图 3-52 不同气氛下 4wt% Nano-TiN/$NiFe_2O_4$ 试样在 1300℃温度下烧结 4h 的应力-应变曲线

表 3-2 不同气氛下合成 $NiFe_2O_4$/Nano-TiN 陶瓷试样的力学性能

气氛	抗弯强度 /MPa	平均抗弯强度 /MPa	标准偏差	弹性模量 /GPa	平均弹性模量 /GPa	标准偏差
空气	77.37	75.12	1.63	5.26	5.42	0.28
	73.54			5.18		
	74.46			5.82		
氮气	89.95	91.96	1.82	6.05	6.26	0.18
	94.36			6.48		
	91.58			6.26		
氩气	112.63	113.75	0.92	6.99	7.13	0.12
	114.88			7.28		
	113.75			7.13		

从表 3-2 可知，在空气、氮气和氩气三种气氛下的平均抗弯强度分别为 75.12MPa、91.96MPa 和 113.75MPa；平均弹性模量分别为 5.42GPa、6.26GPa 和 7.13GPa。从上述数据可以发现烧结气氛对力学性能有一定的影响，并且惰性气氛下所制试样的力学性能明显优于空气气氛下所制样品，这可能归因于惰性气氛下所制试样相对密实的结构和分散在晶界处的新生相镍-铁和 Ni_3TiO_5。这些分布在晶界处的新生相与基体中的物相晶粒联合，通过钉扎作用来强化晶界。另外，弹性模量的标准偏差明显小于抗弯强度的标准偏差，这反映了弹性模量数值具有更高的精确性和重现性。

为了进一步研究烧结气氛对 $NiFe_2O_4$/Nano-TiN 电性能的影响，采用四点法对试样的高温导电性进行测量，测试结果如图 3-53 所示。

从图 3-53 可以看出，三种烧结气氛下所制样品均呈现出了高温半导体特性，

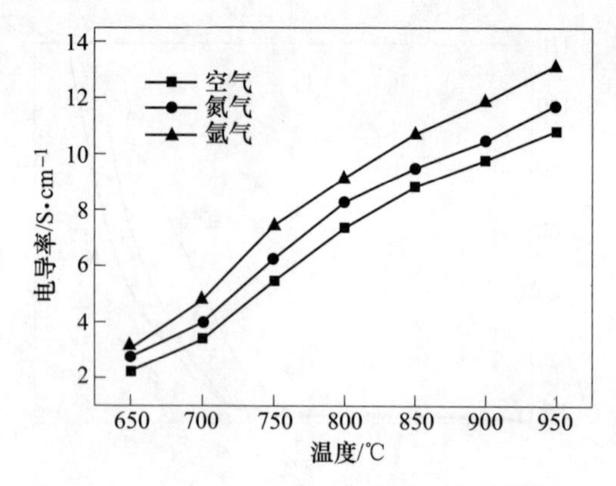

图 3-53 不同气氛下于 1300℃ 温度下烧结 4h 合成 4wt% Nano-TiN/$NiFe_2O_4$ 试样的高温导电性

电导率均随着温度的升高而增大。在 650~950℃ 的测试温度范围内，空气气氛下合成样品的电导率明显低于另外两种惰性气氛下样品的电导率，950℃ 时在空气、氮气和氩气气氛下合成 4wt% Nano-TiN/$NiFe_2O_4$ 试样的电导率分别为 10.84S/cm，11.76S/cm 和 13.18S/cm。这可能归因于试样相对较高的气孔率，另外，可能部分 TiN 在空气气氛下发生了氧化，在惰性气氛下 TiN 的氧化现象可能在一定程度上能够避免。根据前期的 TG-DSC 分析结果，可推断 TiN 可能与陶瓷基体发生反应生成 Ni-Fe 金属相，这些金属相分布在晶界上形成金属网络，这有利于提高样品的导电性。

3.2.4.2 TiN 添加量对 $NiFe_2O_4$/Nano-TiN 材料结构和性能的影响

结合烧结气氛对 $NiFe_2O_4$/Nano-TiN 陶瓷基惰性阳极材料结构和性能的影响研究结果，可知氩气气氛下烧结的试样的综合性能更佳，进一步对 TiN 添加量对试样结构和性能的影响进行考察。对试样分别添加 0.0wt%、0.5wt%、1.0wt% 和 2.0wt% Nano-TiN 后，在氩气气氛下于 1300℃ 温度烧结 2h 得到试样的微观结构如图 3-54 所示。

图 3-54 是烧结温度在 1300℃，烧结时间 2h，添加不同含量 TiN 试样断面的 SEM 图片，由图 3-54 可以看出，在相同温度下，保温 2h 后，未添加 TiN 试样的结构比较疏松，粒径分布比较均匀，一般为 4~6μm，局部晶粒尺寸过大。添加 0.5wt%TiN 后，促进晶粒快速长大，局部晶粒生长较慢，晶粒尺寸分布在 6~13μm，颗粒间结合比较紧密。添加 1.0wt% TiN 后，促进晶粒生长，晶粒尺寸比较均匀，晶粒的尺寸一般为 8~13μm，晶粒的形貌为多边形，晶粒中出现了相当数量的微小闭气孔。添加 2.0wt%TiN 后，基体中晶界大量消失，也出现了小尺寸的闭气孔，晶粒尺寸差异变得更大，很难测量出晶粒尺寸。

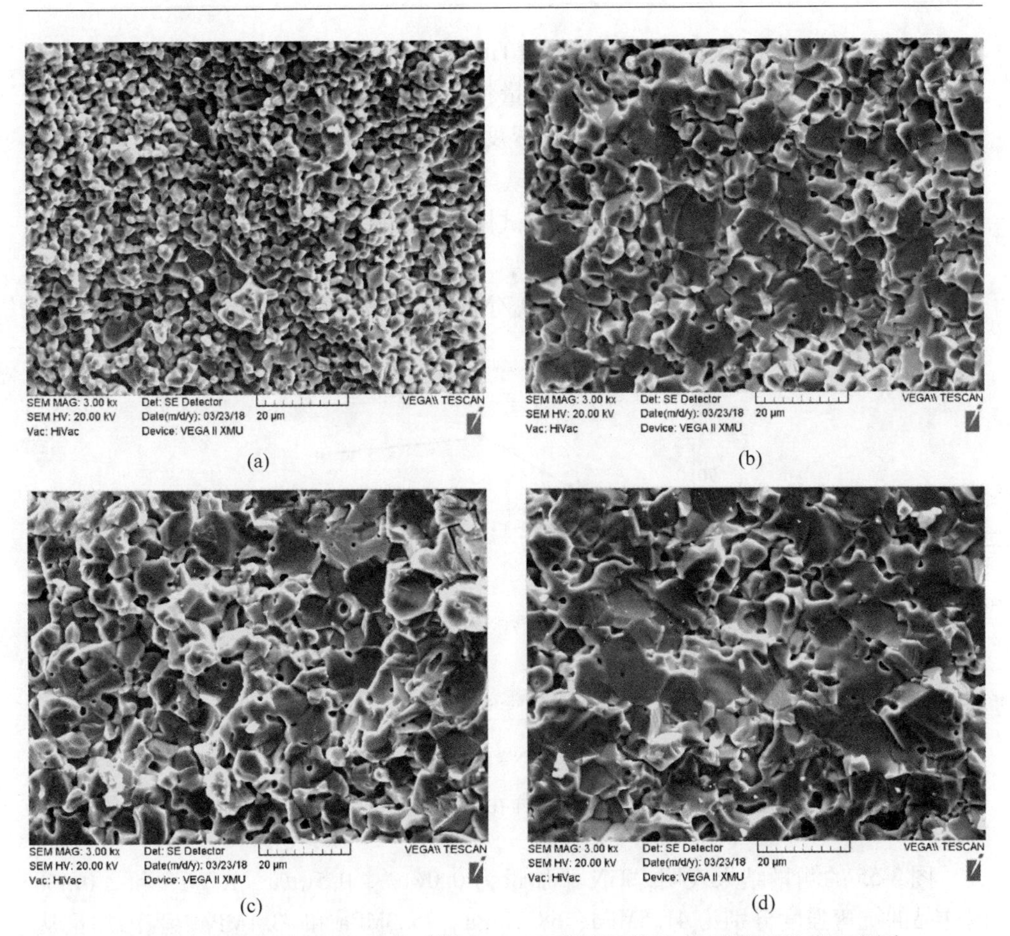

图 3-54 添加不同含量 TiN 的试样在 1300℃温度下烧结 2h 后断面的 SEM 图片
(a) 0wt%；(b) 0.5wt%；(c) 1.0wt%；(d) 2.0wt%

为了研究 TiN 不同添加量对试样气孔率和收缩率的影响，对试样的气孔率进行测试并进行测量，在 1300℃、烧结时间 2h、TiN 不同添加量条件下所制 Fe_2O_3-NiO-TiN 复合陶瓷的气孔率、收缩率和密度见表 3-3。

表 3-3 TiN 不同添加量试样下在 1300℃烧结 2h 后的气孔率 θ、收缩率和密度

添加量 /wt%	烧结前径向尺寸 /mm	烧结后径向尺寸 /mm	收缩率 /%	D /g · cm^{-3}	θ /%
0.0	20	17.700	11.50	4.66	26.67
0.5	20	16.680	16.60	5.24	6.10
1.0	20	16.640	16.80	5.38	5.14
2.0	20	16.628	16.86	5.38	5.01

由表 3-3 中可以看出，Fe_2O_3-NiO-TiN 复合陶瓷的径向收缩率分别为 11.5%、

16. 60%、16. 80%和 16. 86%，说明添加 TiN 可以使试样的收缩率从 11. 5%提高至 16. 5%以上，继续增大添加物 TiN 的含量将会使试样的收缩速率降低。不同 TiN 添加量下 Fe_2O_3-NiO-TiN 复合陶瓷的密度和气孔率分别为 4. 66g/cm³、5. 24g/cm³、5. 38g/cm³、5. 38g/cm³ 和 26. 67%、6. 10%、5. 14%、5. 01%。实验结果说明，添加 TiN 可以促进材料烧结，提高试样密度，降低试样的气孔率，继续添加将对增大试样的密度和气孔率没有帮助。

另外，研究了 TiN 添加量对 $NiFe_2O_4$/Nano-TiN 材料抗弯强度的影响，结果如图 3-55 所示。

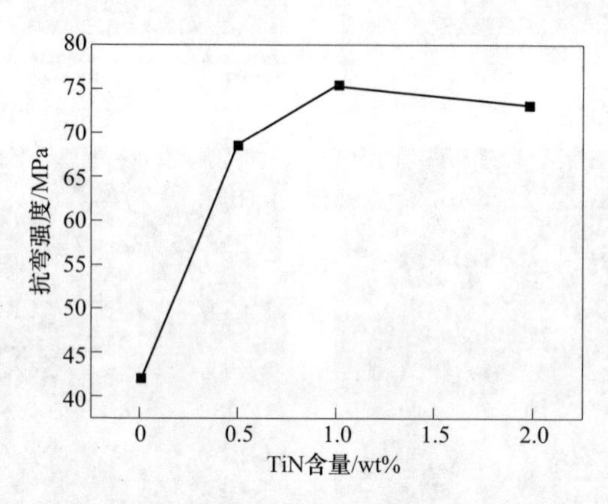

图 3-55　添加不同含量 TiN 试样在 1300℃烧结 2h 后的抗弯强度

图 3-55 的测量结果表明，TiN 添加量为 0. 0wt%、0. 5wt%、1. 0wt%和 2. 0wt%时样品的抗弯强度分别为 41. 5MPa、68. 7MPa、75. 3MPa 和 73. 1MPa。当添加量从 0wt%增加到 1. 0wt%时，试样的抗弯强度从 41. 5MPa 增大到 75. 3MPa，可能主要是因为添加 TiN 使得试样的晶粒尺寸快速生长，增加了材料的密实性，强化了试样的力学性能。随着 TiN 含量增加到 2. 0wt%时，抗弯强度略微降低，主要是由于试样的组织结构变得不均匀，晶粒的尺寸极差变大，弱化了试样的力学性能。

实验室条件下，考察了 TiN 含量对试样抗热震性的影响，结果表明，不添加 TiN 时，试样的抗热震性为 19 次，当 TiN 添加量增加到 0. 5wt%、1. 0wt% TiN 时，试样的抗热震性均大于 40 次。继续添加 2. 0wt% TiN 时，试样的抗热震性为 38 次，试样的抗热震性有所降低。这可能是由于添加适量 TiN 可以促进晶粒长大，改善了基体材料的结构，但是过量添加会使得试样的晶粒异常长大，导致在抗热震性测试实验过程中，试样中微裂纹容易扩展成贯穿裂纹，在热应力作用下试样开裂。

为了研究 TiN 添加量对试样电导率的影响，采用四点法对试样的电导率进行了测试，图 3-56 为添加不同含量 TiN 的试样在 1300℃烧结 2h 后的电导率。

由图 3-56 可以看出，含有不同含量 TiN 的试样在 650~960℃范围内的电导率

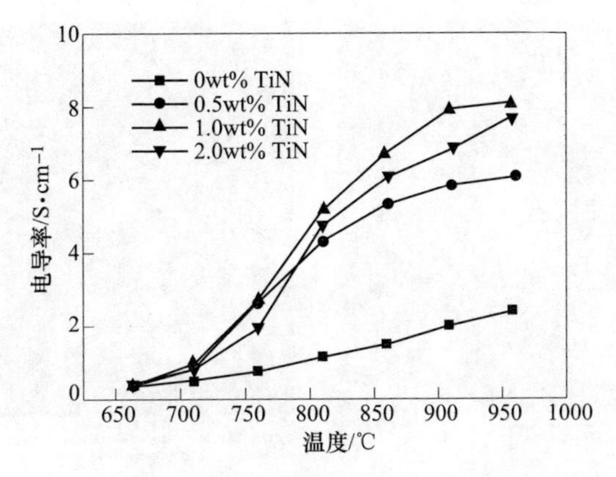

图 3-56 添加不同含量 TiN 试样在 1300℃烧结 2h 后的电导率

均随着温度升高而增大，增加幅度不一样。向基体中引入 0.5wt% TiN 后可以大幅度提高电导率，在 960℃时的高温电导率从 2.42S/cm 增加至 6.08S/cm。

当添加 1.0wt% TiN 后，电导率达到最大 8.12S/cm，从能级的角度解释可能是 Ti 元素进入镍铁尖晶石晶格后，Ti^{4+} 起到施主的作用，在温度升高的情况下，从施主能级上跃迁至导电带，成为导电电子，从而提高试样的电导率。

当 TiN 含量继续增加到 2.0wt% TiN 时，试样的电导率反而有所降低，可能由于添加适量 TiN 可以为半导体材料提高更多的电子（或者空穴）来提高试样的电导率，而过量添加可能会超过了其固溶限造成杂质堆积，电导率就向着相反的方向进行。

3.2.4.3 烧结温度对 $NiFe_2O_4$/Nano-TiN 陶瓷基惰性阳极材料结构和性能的影响

研究发现研究烧结温度对 $NiFe_2O_4$/Nano-TiN 材料微观结构组织影响较大，试样在烧结温度 1200℃、1300℃和 1400℃，氩气气氛下保温 2h 烧结的试样微观组织结构如图 3-57 所示。

由图 3-57 可以看出，在 1200℃下，晶粒的尺寸相对均匀，晶粒形状呈不规则颗粒状存在，粒径为 6~10μm，晶粒中含有显气孔和闭气孔，主要是由于晶粒在生长过程中进行面接触而使得晶界逐渐消失。在 1300℃下，晶粒尺寸分布相对均匀，整体呈现较为规则的多边形状，尺寸为 8~12μm，晶粒间的显气孔相对减少。在 1400℃下，晶粒的尺寸较 1300℃下生长较快，达到 10~30μm，晶粒间的显气孔明显减少，但是基体材料中存在相当数量的微闭气孔，晶粒尺寸出现过大生长现象，这对优化材料结构和综合性能不利。上述结果说明，烧结温度可以促进晶粒生长，加速基体结构密实，但是对消除结构中闭气孔的帮助不大。另外需要说明的是，相当数量的闭气孔，一方面来源于晶粒生长过程中晶界合并，晶粒

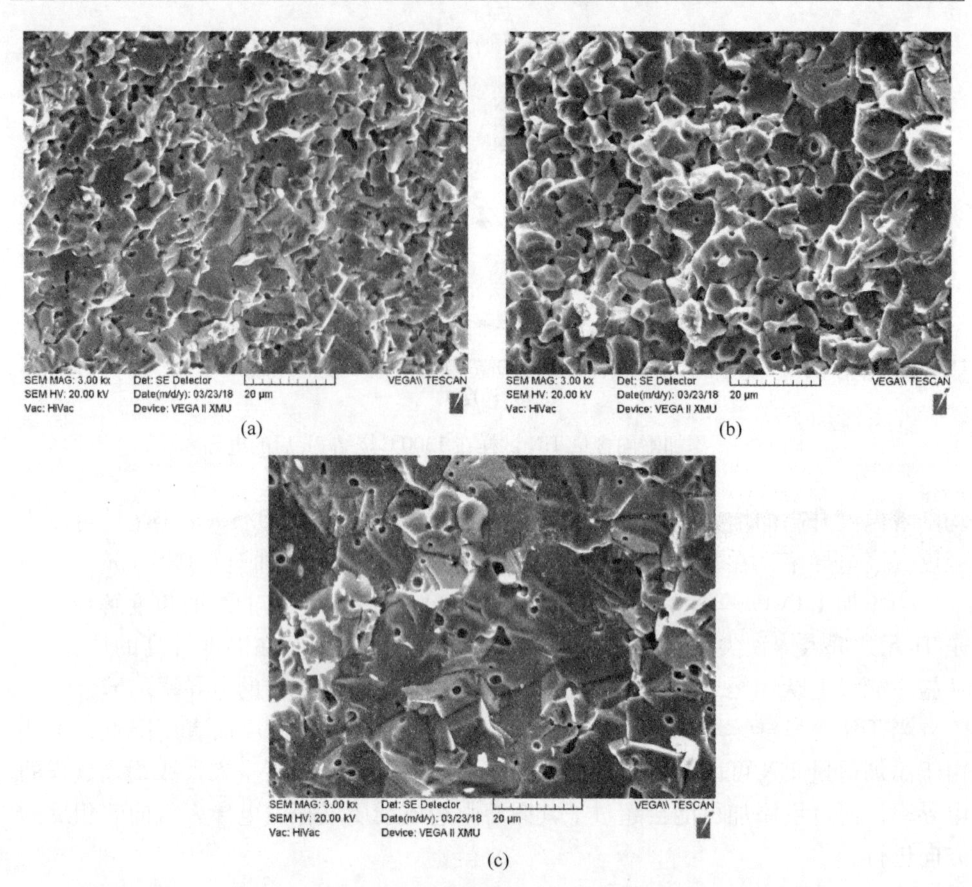

(a)　(b)　(c)

图 3-57　添加 1wt% TiN 烧结 2h 在不同温度下的试样断面的 SEM 图片

(a) 1200℃；(b) 1300℃；(c) 1400℃

长大过程中自发形成的；另一方面是 TiN 与基体中 Fe_2O_3、NiO 发生相关反应生成 N_2，N_2 释放过程中形成了部分微小的闭气孔。

为了研究烧结温度对试样结构和性能的影响，对添加 1wt% TiN 在不同烧结温度下烧结 2h 后试样的气孔率、收缩率、密度和抗弯强度进行了测量，结果见表 3-4。

表 3-4　添加 1wt% TiN 在不同烧结温度下烧结 2h 试样的气孔率、收缩率、密度和抗弯强度

烧结温度/℃	收缩率/%	密度/$g \cdot cm^{-3}$	气孔率/%	抗弯强度/MPa
1200	16.70	5.05	4.13	65.3
1300	16.80	5.13	4.02	75.4
1400	17.00	5.32	3.91	71.6

由表 3-4 可以看出，烧结温度在 1200℃、1300℃和 1400℃下烧结 2h 所制

$NiFe_2O_4$/1wt% Nano-TiN 陶瓷基惰性材料的收缩率分别为 16.70%、16.80% 和 17.00%，说明烧结温度对试样的径向收缩率影响较小。在各烧结温度下 Fe_2O_3-NiO-TiN 复合陶瓷的密度和气孔率分别为 5.05g/cm^3、5.13g/cm^3、5.32g/cm^3 和 4.13%、4.02%、3.91%，说明烧结温度对试样的致密度和气孔率有一定影响但随着温度升高，基体里的晶粒生长过程中形成了闭气孔，继续提高烧结温度，对降低气孔率作用减弱。

烧结温度从 1200℃提高到 1300℃，抗弯强度出现了大幅度上升，继续升高温度，抗弯强度出现下降。另外，抗热震性实验结果表明，添加 1.0wt% TiN 试样在烧结温度 1200℃和 1300℃下的抗热震次数均大于 40 次，相同条件下在 1400℃下烧结所制试样的抗热震次数为 29 次。这说明，添加一定量 TiN、在适宜温度下烧结一定时间可以加快基体材料结构的密实化进程，改善材料结构，提高材料的整体力学性能，但温度过高，基体中容易出现晶粒过大生长现象，导致材料力学性能弱化。

采用四点法研究了烧结温度对试样电导率的影响，其结果如图 3-58 所示。

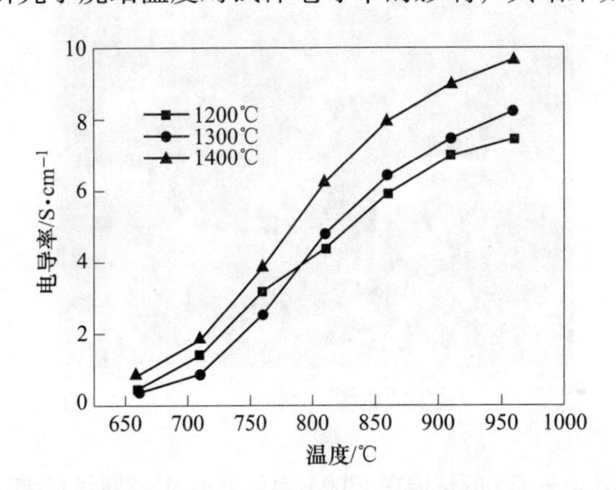

图 3-58　添加 1wt% TiN 在不同温度下烧结 2h 试样的电导率

从图 3-58 可以看出，在 1200℃、1300℃和 1400℃下，试样在 960℃下的最大电导率分别为 7.46S/cm、8.24S/cm 和 9.68S/cm。试样的电导率随着烧结温度的升高而增加，这由于材料的致密性都很高，基体材料又是一种含氧空位的半导体材料，环境中的自由氧占据着试样表面，很难进入试样内部，在升温过程中，材料结构中的氧空位杂质占据主导地位，所以，添加 TiN 后铁酸镍陶瓷试样电导率随着烧结温度的升高而增加。

3.2.4.4 烧结时间对 $NiFe_2O_4$/Nano-TiN 陶瓷基惰性阳极材料结构和性能的影响

由烧结气氛研究结果可知，氩气气氛下烧制试样的综合性能更佳，进一步对烧结时间参数进行了考察。图 3-59 所示为氩气气氛下于 1300℃分别烧结 1h、2h 和 4h 试样的断口形貌。

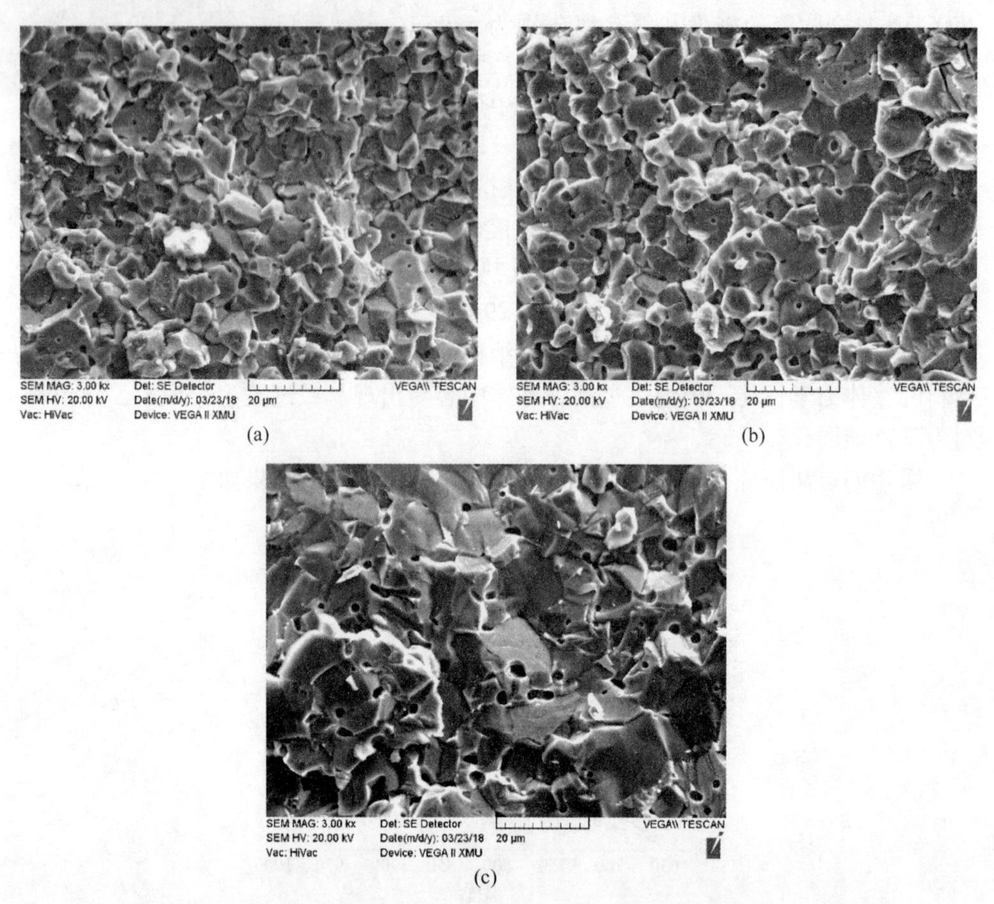

图 3-59　添加 1.0wt% TiN 的试样在 1300℃温度下不同烧结时间后断口的 SEM 图片
(a) 1h; (b) 2h; (c) 4h

从图 3-59 可以看出，添加 1.0wt% TiN 后，试样于 1300℃烧结 1h 后，晶粒粒径分布较均匀，粒径为 8~10μm 左右；烧结 2h 后晶粒长大，显气孔数量减少，粒径分布也比较均匀，8~13μm；烧结 4h 后，局部晶粒异常长大，粒径分布变得不均匀，晶粒尺寸大约 11~18μm，晶粒间的闭气孔也变大。实验结果说明，添加 1.0wt% TiN 后，于 1300℃温度下烧结，延长烧结时间可以促进晶粒长大，但是烧结时间过长可能会使得部分晶粒异常长大，造成晶粒尺寸分布不均，从而影响材料的综合性能。

为了研究烧结时间对试样结构和性能的影响，对不同烧结时间下试样的气孔率、收缩率、密度和抗弯强度进行了测量，结果见表 3-5。

表 3-5 添加 1wt% TiN 样品在 1300℃下烧结不同时间后的气孔率、收缩率、密度和抗弯强度

烧结时间 /h	气孔率 /%	收缩率 /%	密度 $/g \cdot cm^{-3}$	抗弯强度 /MPa
1	4.10	16.79	5.09	63.3
2	4.03	16.80	5.13	75.4
4	3.95	17.35	5.23	80.2

由表 3-5 数据可知，在 1300℃温度下，分别烧结 1h、2h 和 4h，试样的气孔率随着烧结时间的延长逐渐降低，收缩率呈上升趋势，密度增大，抗弯强度也出现了大幅度上升。这说明，添加一定量 TiN、在一定温度下烧结，延长烧结时间也可以加快基体材料结构的密实化进程，改善材料结构，提高材料的整体力学性能。

添加 1.0wt% TiN 试样在 1300℃温度下烧结不同时间后，测试试样的抗热震性，发现烧结时间 1h 时所制试样的抗热震次数为 34 次、烧结 2h 和 4h 时所制样品的抗热震次数均大于 40 次，但过度延长烧结时间会导致基体材料结构中出现晶粒异常长大现象，这会导致其力学性能弱化，对改善试样的抗热震性不利。

采用四点法研究了烧结时间对试样电导率的影响，结果如图 3-60 所示。

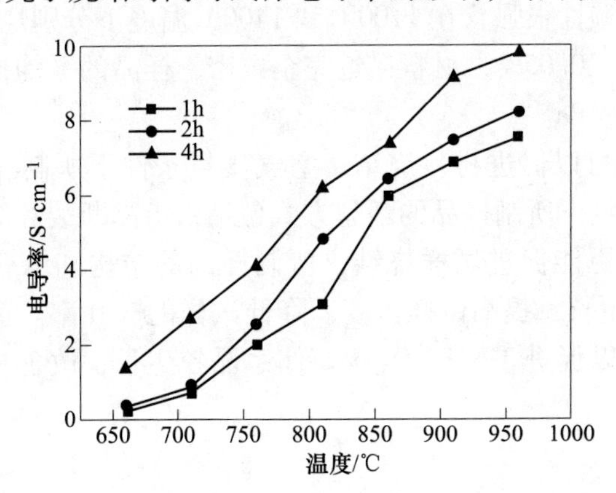

图 3-60 添加 1wt% TiN 试样在 1300℃温度下烧结不同时间后的电导率

从图 3-60 可以看出，添加 1wt% TiN 试样在 1300℃温度下烧结 1h、2h 和 4h 后，试样的电导率在 960℃下分别为 7.52S/cm、8.24S/cm 和 9.80S/cm，从电导率曲线可以看出，延长烧结时间可以提高试样的电导率，可能是由于烧结时间可以增加试样致密性。同时，TiN 可能会与基体中 Fe_2O_3、NiO 反应生成 Ni-Fe 金属相，该金属相分布在晶界上形成金属网络，使得试样的电导率提高。

3.3　本章小结

（1）XRD 分析结果表明，温度较高时 $NiO\text{-}Fe_2O_3$ 体系晶粒的结晶度较好，物相组成主要是 $NiFe_2O_4$ 和 NiO。气孔率随着合成温度的升高而降低，抗弯强度随气孔率的减小而增大后出现小幅度降低。低温下延长烧结时间不能有效促进基体致密化。

（2）烧结过程中，部分 MnO_2 发生分解生成 Mn_2O_3 和 MnO。样品仍具有单一相结构，除了呈现镍铁尖晶石结构和 NiO 的衍射峰外，几乎无其他杂峰。1.0wt% MnO_2 能够细化晶粒、促进烧结，提高材料致密度，在 1100℃、1400℃ 烧结时样品平均气孔率分别为 33.85%和 1.82%；平均抗弯强度分别为 12.45MPa 和 46.47MPa。

（3）V_2O_5 与 Fe_2O_3、NiO 反应生成了低熔点物质 Ni_2FeVO_6，形成液相烧结，促进了晶粒生长。试样的气孔率和抗弯强度均随着 V_2O_5 添加量的增加而不断下降。添加 0.5wt% V_2O_5 后，样品在 1100℃ 和 1400℃ 时的平均气孔率分别为 33.38%和 1.91%；平均抗弯强度分别为 11.9MPa 和 35MPa。

（4）添加 TiO_2 后，烧结体系中有两种新物质 $NiTiO_3$ 和 Fe_2TiO_5 生成。本文的 TiO_2 添加水平中，抗弯强度的最大值约为 72.3MPa，气孔率的最小值约为 2.43%出现在 TiO_2 含量为 2.5wt%处。添加 2.5wt% TiO_2 后样品的结构和性能对烧结温度和时间依赖性很强，在 1100℃和 1400℃温度下分别烧结 8h 后样品的气孔率分别为 0.93%、0.05%，材料接近完全致密；样品的平均抗弯强度分别达到 12.6MPa 和 111.75MPa。

（5）添加 TiN 可以促进材料烧结。空气气氛条件下所制样品以沿晶断裂为主，氩气和氮气气氛下所制样品的断裂方式包括：沿晶断裂和穿晶断裂模式。此外，氩气气氛烧结更能促进试样烧结，所制样品的结构和综合性能更佳。添加 TiN 可以加速晶粒生长，提高试样密度，降低试样的气孔率。适当提高烧结温度和延长烧结时间可以促进 $TiN\text{-}Fe_2O_3\text{-}NiO$ 体系晶粒生长，改善材料结构，增强综合性能。

参 考 文 献

[1] Schicker S, Erny T, Garcia D E, et al. Microstructure and mechanical properties of Al-assisted sintered Fe/Al_2O_3 cermets [J]. Journal of the European Ceramic Society, 1999, 19 (13-14): 2455-2463.

[2] 贾德昌，宋桂明．无机非金属材料性能 [M]．北京：科学出版社，2008.

[3] Duckworth W. Discussion of Ryshkewitch paper [J]. Jounal of the American Ceramic Society,

1953，36（2）：68-73.

[4] Petch N J. The cleavage strength of polycrystals [J]. Journal of Iron and Steel Institute，1953，174（1）：25-28.

[5] 殷庆瑞，祝炳和．功能陶瓷的显微结构、性能与制备技术 [M]. 北京：冶金工业出版社，2005.

[6] 周玉，雷廷权．陶瓷材料学 [M]. 北京：科学出版社，2004.

[7] 梁英教，车荫昌．无机物热力学数据手册 [M]. 沈阳：东北大学出版社，1993.

[8] 曾人杰．无机材料化学（上册）[M]. 厦门：厦门大学出版社，2001：249.

[9] 王树海，李安明，乐红志，等．先进陶瓷的现代制备技术 [M]. 北京：化学工业出版社，2007.

[10] Maria K，Anna B T. Phase equilibria in the system NiO-V_2O_5-Fe_2O_3 in subsolidus area [J]. Journal of Thermal Analysis and Calorimetry，2004，77：65-73.

[11] 穆洁尘，张旭东，张丽鹏．铝电解节能研究进展 [J]. 有色冶金节能，2011，6：5-10.

[12] M. H. Khedr，M. S. Sobhy，A. Tawfik. Physicochemical properties of solid-solid interactions in nanosized NiO-substituted Fe_2O_3/TiO_2 system at 1200℃ [J]. Materials Research Bulletin，2007，42：213-220.

4 $NiFe_2O_4$ 体系初期烧结动力学行为

烧结是陶瓷材料制备过程中的一个重要环节，其主要作用是把颗粒系统烧结成为一个致密的晶体，从而使材料获得一定的密度、微观结构、抗弯强度和断裂韧性等性能。粉末具有非常大的表面积，因此表面能较高，即使在加压成型体中，颗粒间的接触面积也很小，总表面积很大，处于高能量状态。根据能量最低原理，系统将自发地向较低能量状态过渡，使得系统表面能减小。体系在烧结前，颗粒系统具有的过剩表面能越高，这个过渡过程就越容易进行，它的烧结活性越大。一般来讲，烧结可以分为两大类：不施加压力的烧结（简称无压烧结）和加压烧结；按照烧结体系中物料的状态可以分为以下四类[1,2]：

（1）气相烧结。气相烧结的推动力是蒸气压差，这种压差是由于表面曲度的差别引起的。颗粒越小，表面曲率越大，蒸气传输的动力也越大。气相传输可以改变气孔的形状，使相邻离子结合，增大材料的强度，减少开口气孔并不导致收缩，不能形成致密化，必须伴有其他物料传输机构，才能达到致密化，纯气相烧结的材料不多。

（2）固相烧结。固相烧结过程中物料的传输是通过扩散进行的，即物质中原子或空位沿着物质的表面、界面或体内进行的。按照是否有化学反应参与来分，固相烧结可以分为：

1）没有化学反应参与的固相烧结。针对单一组元体系，松散粉末和经压制具有一定形状的粉末压坯被置于不超过其熔点的设定温度条件下，在一定气氛保护下，保温一段时间的操作过程。致密压坯在热处理过程中只发生一些固相转变，而粉末在烧结过程中必须完成颗粒间接触从物理结合向化学结合的转变。

2）固相多元系反应烧结。一般是以形成被期望的化合物为目的的烧结。在烧结过程中，颗粒或者粉末之间发生的化学反应可以是吸热的，也可以是放热的。

（3）液相烧结。二元系和多元系粉末在烧结过程中，当温度超过某一组元的熔点，因而形成液相。液相可能在一个较长的时间内存在，称为长存液相烧结；也可能在一个相对较短的时间内存在，称瞬时液相烧结。在颗粒的间隙通道内存在的液相导致毛细孔压力使得颗粒更好的重新排列，利于陶瓷的致密化。

（4）活化烧结。指固相多元系，一般是固相二元系粉末固相烧结。常常通过将微量的第二相粉末（常称之为添加剂、活化剂、烧结助剂）加入主相粉末的方法，以降低主相粉末烧结温度，增加烧结速率或者抑制晶粒长大和提高烧结性能的目的。一般多为固相活化烧结。当烧结温度高于添加剂的熔点时，会产生活化液相，也称瞬态液相烧结，烧结时存在液相，但当烧结完成后，液相或组成变化或者完全消失。

烧结过程一般可以分为三个阶段：烧结初期、中期和后期。在不同的烧结阶段，其对应的特征也各不相同。

（1）烧结初期：相互接触的两颗粒，通过互扩散或者其他物料传输原理，使得物料向接触点迁移，通过成核、结晶长大等原子过程形成烧结“颈”或连结区，颗粒的接触点从点接触变成颈接触或面接触，这时形成的晶界或者界面相互间是分开的。这期间的颗粒之间有很多细小气孔通道，形成很多弯曲的表面，表面张力作用在这些弯曲的表面上将产生附加压力 ΔP。

对于球形曲面：

$$\Delta P = 2\gamma / r \tag{4-1}$$

式中，γ 为粉料表面张力，N/m；r 为球形颗粒半径，cm。

对于非球形曲面：

$$\Delta P = \gamma\left(\frac{1}{r_1} + \frac{1}{r_2}\right) \tag{4-2}$$

式中，r_1、r_2 分别为非球形曲面的两个主曲率半径，cm。

应用热力学方法可以计算出烧结驱动力的数值 ΔG：

$$\Delta G = V\Delta P \tag{4-3}$$

式中，V 为原子体积，cm^3。

由式（4-2）、式（4-3）可知，弯曲表面上的附加压力与球形颗粒（或曲面）的曲率半径成反比，所以粉料颗粒半径越小，曲面上的附加压力越大，由此而引起的烧结驱动力也越大。

随温度升高，烧结过程继续进行，晶界就可以相遇构成网络，在晶界的表面张力作用下，晶界发生迁移，晶粒开始长大，这表明烧结初期的结束。在这一阶段，颗粒外形基本不变，整个烧结体不发生收缩，气孔仍然连通，密度增加极微。

（2）烧结中期：在该烧结温度段，晶粒内原子向颗粒结合面迁移，逐渐形成烧结颈，形成的烧结颈逐渐长大。由于烧结颈的形成，出现了曲率半径，对于不加压固相烧结的颗粒系统而言，由颗粒接触形成的曲率半径对 Laplace 应力有重要影响。颗粒接触形成的颈如图 4-1 所示。

图 4-1 中，x 为接触面积的半径，ρ 为颈部的曲率半径，即式（4-2）中的 r_1 和 r_2，对于球形孔洞，$r_1 = r_2$，则颗粒接触的半径 Laplace 应力 σ 为：

$$\sigma = \gamma\left(\frac{1}{x} - \frac{1}{\rho}\right) \tag{4-4}$$

式（4-4）中，负号表示 ρ 从孔洞内计算，正号表示 x 在颗粒内计算半径值。

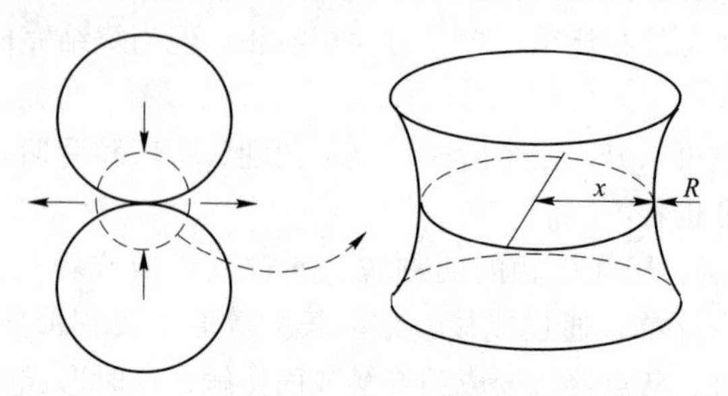

图 4-1　两球形颗粒接触颈部主曲率半径示意图

由式（4-4）可知，曲率半径增大，颗粒接触半径的 Laplace 应力也随之增大。烧结颈处表面张力增大，又反过来驱动了原子向颗粒结合面迁移，从而使烧结颈扩大。在烧结颈扩大的过程中，颗粒间距离缩小，形成连续的孔隙网络，晶界越过孔隙移动，而被晶界扫过的地方，孔隙大量消失。在该阶段内，弯曲晶界总是向曲率中心迁移，曲率半径越小晶界移动越快，晶粒通常为多边形，大于六边形的晶粒易长大，小于六边的晶粒易被大晶粒所吞没。从平面看，晶界交角为120°时最稳定。在烧结中期，气孔为连续相，呈棱角状态。当晶粒生长，气孔槽的截面不断减小，最后气孔不能互相沟通而中断，成为单个孤立的气孔，此为烧结中期的结束。

（3）烧结末期：多数孔隙被完全隔离，闭孔数量增加，气孔形状趋近球形并不断缩小，气孔变得孤立，而晶界开始形成连续网络，气孔常位于两晶粒界面、三晶粒间的界线或多晶粒的结合点处，也可能被包裹在晶粒内部，呈球形，这时期排除气孔的过程进行得更慢。同时，晶粒生长速度较快。随着烧结的进行，整个烧结体缓慢收缩，气孔呈球形，这是末期烧结的特征。这一阶段可以延续很长时间，但是残留少量的隔离小孔隙不能消除，同时延长烧结时间可能带来晶粒异常长大，对材料的性能提高不利。

影响烧结过程的因素主要有以下几个方面[3,4]：

（1）原始粉料的粒度及粒径分布。无论在固态或液态的烧结中，较细颗粒缩短了原子扩散距离，从而加速了烧结的进行。如果细颗粒中有少量的大颗粒存在，则易发生颗粒异常长大而不利烧结。气孔分布对烧结的影响体现在两个方面，较大尺寸气孔的存在一方面加大了粒子扩散距离，另一方面减少了对气孔收缩的推动力，对于密度较高、气孔尺寸较小的素坯，孔径越小，粒子扩散距离越短，烧结推动力越大，从而有利于烧结。

（2）温度制度：

1）烧结温度。烧结温度对固相扩散以及溶解-沉淀等传质有较大影响，同时烧结温度的高低直接影响晶粒尺寸、液相的组成与数量以及气孔的形貌和数量，过高的烧结温度使陶瓷的晶粒过大生长，破坏组织结构的均匀性，从而对样品性能产生影响。

2）保温时间。一定的保温时间有利于烧结体中气孔的排出和物质的迁移，但保温时间过长会使晶体过分长大或发生二次重结晶，降低制品性能。

3）升温速度和冷却速度。升温速度对样品的性能有很大的影响，升温速度过快，早期致密化的速率过大，过早的封闭了气孔逸出的通道，使气体不能够完全排除而停留在晶粒内部，使制品的性能劣化。

（3）气氛制度。烧结气氛一般分为氧化、还原和中性三种，在由扩散控制的氧化物烧结中，气氛的影响与扩散控制因素、气孔内气体的扩散有关。

（4）压力制度。常用的烧结方法有无压烧结和热压烧结，无压烧结工艺及设备简单、经济可靠是生产中最常用的烧结方法，也是研究烧结动力学的常用方法。热压烧结在加热的同时还需要加压，并且该方法烧结温度较低，晶粒尺寸小而均匀，可避免异常晶粒生长，但其烧结工艺及设备相对复杂。

影响烧结的因素很多，而且相互之间的关系也较复杂，在研究烧结时需要综合考虑这些因素。

陶瓷烧结反应是一个高温过程，大部分研究工作的主要目的是弄清烧结过程中的动力学问题，前提是必须了解促使物料致密的物质传输机理。研究陶瓷的烧结动力学是揭示陶瓷烧结机理的重要途径，但是烧结初期和中后期的动力学行为有很大不同。在烧结动力学的研究中，恒升温速率烧结法和等温烧结法是迄今为止采用得最多的两种实验方法，其中前者主要用来研究陶瓷的初期烧结行为[5]；后者主要用来研究陶瓷的中期烧结行为[6]。研究陶瓷材料的烧结机制和烧结动力学，可以为烧制大型尺寸的陶瓷制品提供理论依据[7]。目前，科研工作者对固相合成 $NiFe_2O_4$ 基惰性阳极展开了大量的科研工作，对它的研究主要集中在制备工艺、显微结构、机械性能和电解行为上，而对其烧结致密化过程的研究甚少[8~11]。本章节将系统地研究 $NiO-Fe_2O_3$ 体系以及添加 MnO_2、V_2O_5、TiO_2、TiN 后合成 $NiFe_2O_4$ 的烧结动力学过程，探索体系的烧结机制，并计算其烧结活化能。

4.1 $NiO-Fe_2O_3$ 体系的初期烧结行为

采用恒升温速率烧结法来研究 $NiO-Fe_2O_3$ 体系在常压条件下的初期烧结行为。一些科研工作者将线收缩率小于6%的烧结阶段定义为陶瓷的初期烧结阶段。本书将烧结体系从室温以恒定升温速率升温到设定温度的过程称为 $NiO-Fe_2O_3$ 体系的初期烧结时段。

Wang、Raj[12]及 Chu 等[13]对恒速率升温烧结过程进行了较深入的研究，很大程度上减小了恒温烧结实验条件差异带来的动力学数据差异。Yong 与 Cutler[14]研究了多晶陶瓷粉末压块的致密化过程，他们发现在恒速率升温烧结过程中，存在特定的温度区间，在这一区间体扩散或晶界扩散占主导地位。Woolfrey 和 Bannister[15]用计算的方法分析了恒速率升温烧结过程初始阶段的致密化行为，并总结出规律，用他们的方法可以确定必须用恒温烧结过程才能得到的各种烧结参数。本实验采用 Woolfrey 和 Bannister 的计算方法，通过致密化速率与温度的关系曲线来研究 $NiO\text{-}Fe_2O_3$ 体系的初期烧结行为，并计算烧结活化能 Q。

Bannister[16]早在 1968 年就提出了初期烧结的等温方程：

$$\frac{\mathrm{d}}{\mathrm{d}t}(\Delta L/L_0) = A_0\exp\left(-\frac{Q}{RT}\right) / (\Delta L/L_0)^m \tag{4-5}$$

式中，$\Delta L/L_0$ 为试样的线收缩率；t 为烧结时间；A_0 为常数，与材料性能和烧结机制有关；m，当 $m=0$ 时为黏性流动机制，当 $m=1$ 时为体积扩散机制，当 $m=2$ 时为晶界扩散机制；Q 为表观烧结活化能。

$$\Delta L = L_0 - L \tag{4-6}$$

式中，ΔL 为线收缩长度；L_0 为成型坯体长度；L 为样品在烧结过程中的即时长度。

Young 和 Culter 在 Bannister 提出初期烧结等温方程式（4-5）的基础上，发展性地提出了关于等升温速率的烧结方程：

$$(\Delta L/L_0)/T = A_1\exp\left[-\frac{Q}{(m+1)RT}\right] \tag{4-7}$$

对式（4-7）取自然对数，得到式（4-8）：

$$\ln[(\Delta L/L_0)/T] = -\frac{Q}{(m+1)R}\frac{1}{T} + \ln A_1 \tag{4-8}$$

从式（4-8）可以看出，如果能够确定 m 的数值，表观烧结活化能 Q 就能通过 $\ln[(\Delta L/L_0)/T]$ 与 $1/T$ 关系图的斜率计算得到。

式（4-5）、式（4-7）和式（4-8）中 m 的数值可以通过等温或者非等温计算方法得到，对式（4-5）进行积分得到如下所谓的等温式（4-9）：

$$(\Delta L/L_0)^{m+1} = A_2\exp\left(-\frac{Q}{RT}\right)t \tag{4-9}$$

式中，t 为烧结时间；m 的数值可以通过 $[(\Delta L/L_0)/T]$ 与时间 t 关系的自然对数得到。Woolfrey 等人通过大量实验后建议 m 也可以通过不同的恒升温速率来确定，他们发现即时线收缩率 $(\Delta L/L_0)_T$ 与升温速率存在以下关系：

$$(\Delta L/L_0)_T = A_3C^{-\frac{1}{m+1}} \tag{4-10}$$

对式（4-10）取自然对数得到式（4-11）：

$$\ln\left(\Delta L/L_0\right)_T = -\frac{\ln C}{m+1} + \ln A_3 \tag{4-11}$$

基于式（4-11）可以得到一条直线，该直线的斜率 $[-1/(m+1)]$ 能够通过在设定温度 T 时的升温速率所对应的相对收缩率得到，从而可以相应地算出 m 的数值来确定系统的烧结机制。

通过热膨胀测量方法跟踪记录样品的收缩过程，可以得到收缩率等物理量随烧结温度变化的烧结动力学曲线。图 4-2 是 $NiO-Fe_2O_3$ 体系在 5K/min、10K/min 和 20K/min 三种不同的升温速率条件下的烧结曲线。

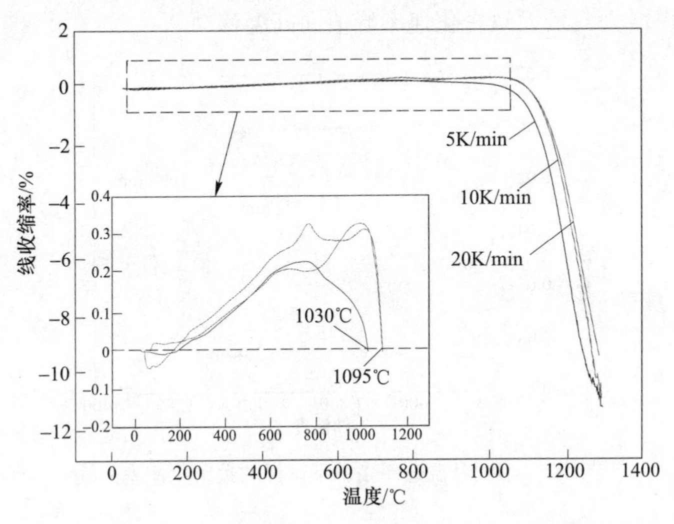

图 4-2 $NiO-Fe_2O_3$ 体系在不同升温速率条件下的烧结曲线

从图 4-2 内的局部放大图可以看出，$NiO-Fe_2O_3$ 体系的三条烧结曲线在 1100℃之前均出现了不同程度的膨胀行为。在 25～500℃温度区间内，主要是坯体内部水分挥发，造成气孔内部的气体膨胀，使坯体体积膨胀，同时成型时加入的黏结剂 PVA 在此时也被排除。温度升高到 500～1000℃时，固体颗粒 NiO 和 Fe_2O_3 开始接触并发生反应，逐渐形成烧结颈，坯体气孔内的气体持续膨胀，PVA 排除后留下的微小气孔也被气体充盈，这使得 $NiO-Fe_2O_3$ 体系的烧结曲线仍呈膨胀状态。温度继续升高，样品开始收缩，升温速率为 5K/min、10K/min 和 20K/min 时，样品起始收缩温度分别为 1030℃、1095℃和 1095℃。由图 4-2 还可以看出，1300℃时，$NiO-Fe_2O_3$ 体系样品按 5K/min 升温，最终线收缩率为 11.20%；升温速率为 10K/min 和 20K/min 的样品最终线收缩率分别为 10.76%和 9.41%。这说明对于同一样品，升温速率慢，致密化程度高。

图 4-3 是不同升温速率条件下 $NiO-Fe_2O_3$ 体系的致密化速率曲线，由曲线可以看出，样品致密化速率随温度的升高呈现先增加后减小的变化趋势，基本符合

正态分布。这主要是因为烧结的起始阶段，温度较低，烧结体致密化程度不高，物质输送较为容易，致密化速率不断增加。初始阶段采用三种速率升温的样品致密化速率相差不大，这主要与三种升温速率条件下样品气孔率之差的变化有关，而所用样品初始坯体中气孔率之差近乎为零，因此三者初始阶段速率相当。当烧结体致密化程度较高时，物质输送阻力增加，温度虽然不断升高，但致密化速率随之下降。升温速率为 5K/min 时，样品烧结的最大致密化速率出现在 1206℃；以 10K/min 和 20K/min 速率升温时，样品烧结的最大致密化速率分别出现在 1240℃和 1257℃。可见升温速率较小时，样品获得最大致密化速率对应的温度较低；升温速率增大，最大致密化速率峰值向高温移动。

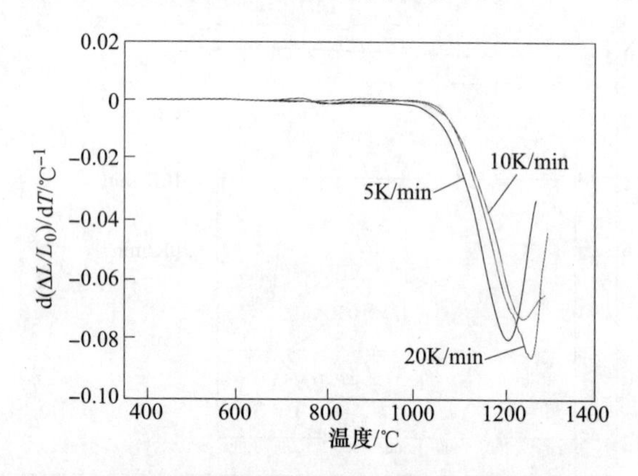

图 4-3　不同升温速率条件下试样的致密化速率曲线

基于式（4-11）可以得到特定温度段内 $NiO\text{-}Fe_2O_3$ 烧结体系的相对收缩 $(\Delta L/L_0)_T$ 与升温速率 C 间的自然对数图，如图 4-4 所示。通过图 4-4 可以得到三种不同升温速率条件下 $NiO\text{-}Fe_2O_3$ 体系在不同温度时 $1/(m+1)$ 和线性回归系数 R 的数值，见表 4-1。

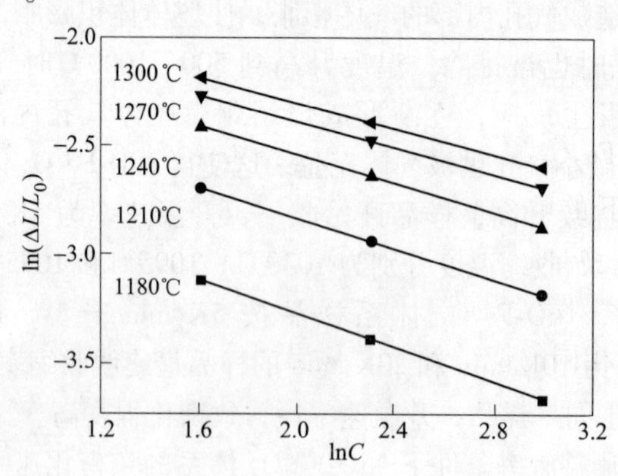

图 4-4　$NiO\text{-}Fe_2O_3$ 体系的 $(\Delta L/L_0)_T$ 和升温速率 C 间的自然对数关系

表 4-1 $NiO-Fe_2O_3$ 体系在不同温度下 $1/(m+1)$ 和线性回归系数 R 的数值

温度/℃	1180	1210	1240	1270	1300
$1/(m+1)$	0.466	0.367	0.331	0.325	0.297
R	0.985	0.984	0.983	0.993	0.996

根据表 4-1 的数据和式（4-5）可以得到 $NiO-Fe_2O_3$ 体系 m 的平均值为 2.06，$NiO-Fe_2O_3$ 体系在烧结初期的烧结机制以晶界扩散机制为主。为了计算 $NiO-Fe_2O_3$ 体系的烧结活化能，本文取一段相对收缩在 1.5%~9.0%范围内的线性收缩区间，得到 $\ln[(\Delta L/L_0)/T]$ 与 $1/T$ 的关系图，如图 4-5 所示。

对图 4-5 中的曲线进行线性拟合，可以看出不同升温速率条件下三条曲线拟合后的斜率几乎一样，取三条斜率的平均值代入式（4-8）可以算出 $NiO-Fe_2O_3$ 体系烧结的表观活化能，Q 为 813.919kJ/mol。

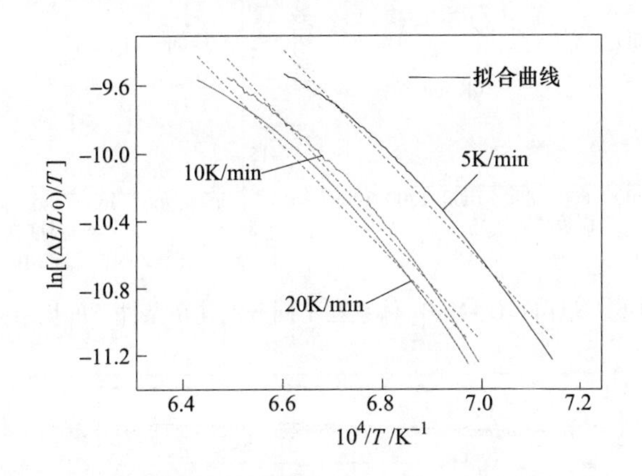

图 4-5 $NiO-Fe_2O_3$ 体系分别在 5K/min、10K/min 和 20K/min 升温速率条件下 $\ln[(\Delta L/L_0)/T]$ 与 $1/T$ 的关系图

4.2 $NiO-Fe_2O_3-MnO_2$ 体系的初期烧结行为动力学

图 4-6 是 $NiO-Fe_2O_3-MnO_2$ 体系在 5K/min、10K/min 和 20K/min 三种不同的升温速率条件下的烧结曲线。图 4-6（a）~（d）中 MnO_2 的含量分别为 0wt%、0.5wt%、1.0wt%、2.5wt%。由图可知，添加 MnO_2 后，样品的起始收缩温度有所降低，线收缩程度有所增加。含有不同量 MnO_2 的 $NiO-Fe_2O_3$ 烧结体系，大致呈现出相同的烧结趋势，升温速率较低的样品，线性收缩较大，致密化程度较高。为了便于观察 MnO_2 添加量对样品初期烧结行为的影响，以 10K/min 升温速率条件下 $NiO-Fe_2O_3-MnO_2$ 烧结体系为例，进行了重新作图，如图 4-7 所示。

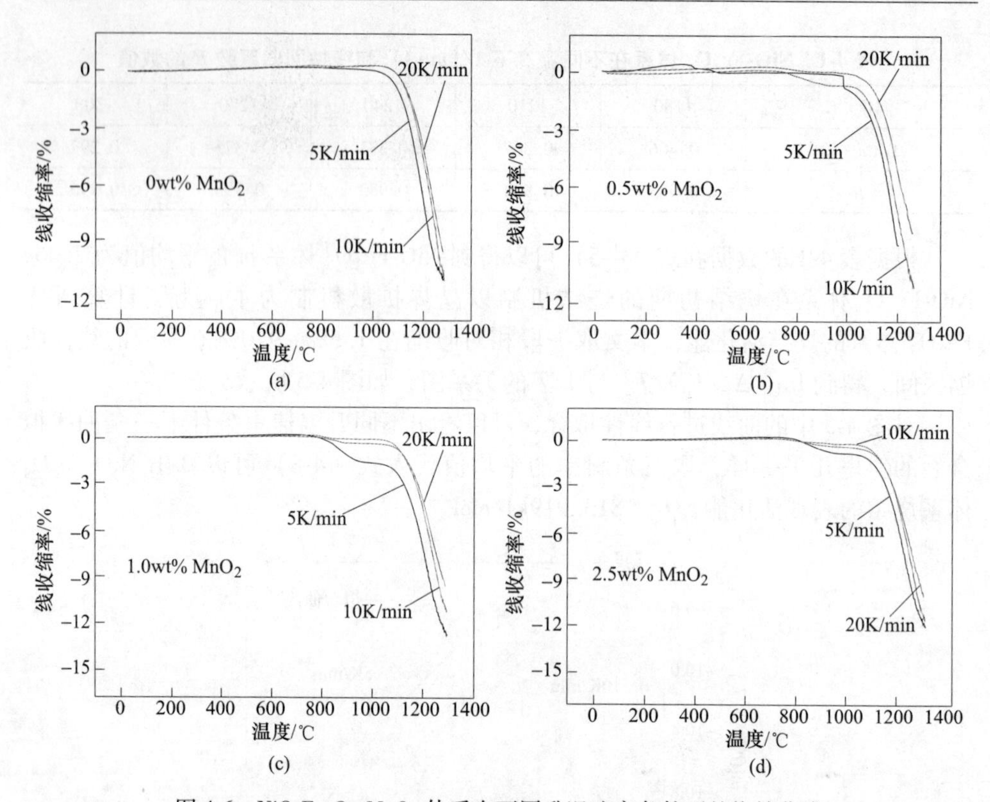

图 4-6　$NiO-Fe_2O_3-MnO_2$ 体系在不同升温速率条件下的烧结曲线

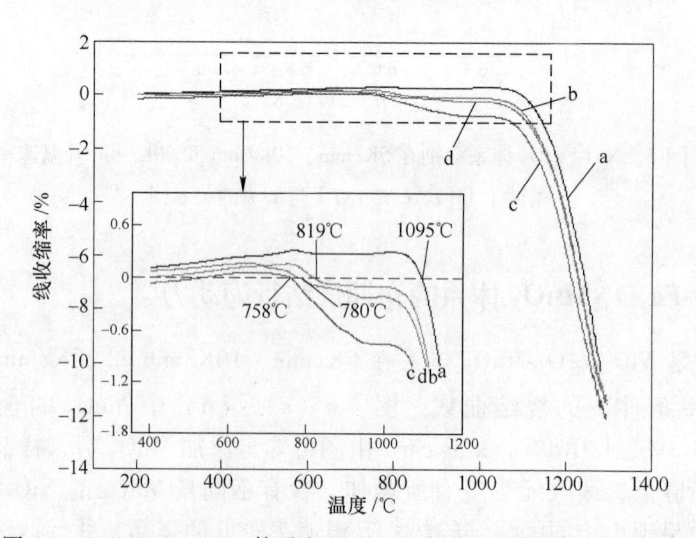

图 4-7　$NiO-Fe_2O_3-MnO_2$ 体系在 10K/min 升温速率条件下的烧结曲线

a—MnO_2 含量 0wt%；b—MnO_2 含量 0.5wt%；c—MnO_2 含量 1.0wt%；d—MnO_2 含量 2.5wt%

从图 4-7 的局部放大图可以看出，在 10K/min 升温速率条件下，添加不同含

量 MnO_2 之后的各条烧结曲线在较低温度段内均出现了不同程度的膨胀现象。此外可以看出，无添加剂的样品起始收缩温度为 1095℃；添加 0.5wt%、1.0wt% 和 2.5wt% MnO_2 之后样品起始收缩温度分别降为：819℃、758℃ 和 780℃。由此可以看出添加 MnO_2 可以使烧结样品能够在较低温度下进行线性收缩。在 1300℃ 时，MnO_2 添加剂含量分别为 0wt%、0.5wt%、1.0wt% 和 2.5wt% 时，样品最终线收缩率分别为 10.76%、11.34%、12.07% 和 11.55%。经比较可见，添加 1.0wt% MnO_2 促烧效果较为明显，样品起始收缩温度比未添加样品低了 337℃，并可以获得较大的线收缩率 12.07%。

图 4-8 是添加了不同含量 MnO_2 之后样品在 10K/min 升温速率条件下的致密化曲线图。由图 4-8 可见，MnO_2 添加量分别为 0wt%、0.5wt%、1.0wt% 和 2.5wt% 的试样分别在 1280℃、1273℃、1221℃ 和 1268℃ 时收缩速率达到最大，结果表明 MnO_2 可以加快 $NiFe_2O_4$ 尖晶石的致密化过程，降低烧结温度，其中当 MnO_2 含量为 1.0wt% 时的作用最为明显。

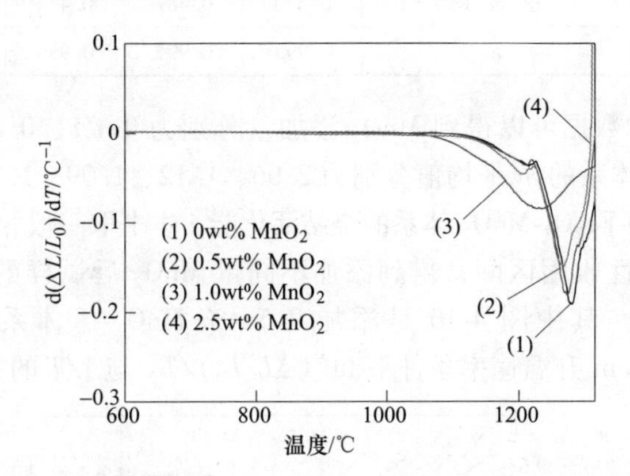

图 4-8 10K/min 升温速率条件下 $NiO-Fe_2O_3-MnO_2$ 烧结体系的线收缩速率

图 4-9 是添加 1.0wt% MnO_2 后体系的相对收缩 $(\Delta L/L_0)_T$ 与升温速率 C 间的

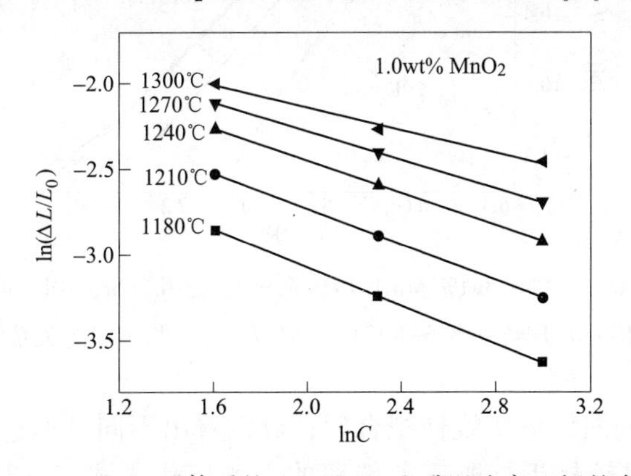

图 4-9 添加 1.0wt% MnO_2 后体系的 $(\Delta L/L_0)_T$ 和升温速率 C 间的自然对数关系图

自然对数图，通过图 4-9 可以得到三种不同升温速率条件下样品在不同温度时 $1/(m+1)$ 和线性回归系数 R 的数值。用同样的方法可以得到 MnO_2 其他不同添加含量样品在不同温度时 $1/(m+1)$ 和线性回归系数 R 的数值，见表 4-2。

表 4-2　$NiO-Fe_2O_3-MnO_2$ 体系在不同温度下 $1/(m+1)$ 和线性回归系数 R 的数值

项　目		温度/℃				
		1180	1210	1240	1270	1300
0wt% MnO_2	$1/(m+1)$	0.466	0.367	0.331	0.325	0.297
	R	0.985	0.984	0.983	0.993	0.996
0.5wt% MnO_2	$1/(m+1)$	0.531	0.501	0.497	0.447	0.403
	R	0.998	0.999	0.983	0.995	0.991
1.0 wt% MnO_2	$1/(m+1)$	0.558	0.518	0.469	0.416	0.383
	R	0.997	0.994	0.985	0.992	0.988
2.5wt% MnO_2	$1/(m+1)$	0.510	0.487	0.446	0.402	0.367
	R	0.995	0.997	0.999	0.996	0.994

根据表 4-2 的数据可以得到 MnO_2 添加量分别为 0wt%、0.5wt%、1.0wt%和 2.5wt%时，烧结体系的 m 平均值分别为 2.06、1.12、1.09、1.29。

为了计算 $NiO-Fe_2O_3-MnO_2$ 体系的烧结活化能，本书取一段相对收缩在 1.5%~9.0%范围内的线性收缩区间，得到添加不同量 MnO_2 后试样的 $\ln[(\Delta L/L_0)/T]$ 与 $1/T$ 的关系图。其中图 4-10 是添加 0.5wt% MnO_2 后体系分别在 5K/min、10K/min 和 20K/min 升温速率条件下 $\ln[(\Delta L/L_0)/T]$ 与 $1/T$ 的关系图。

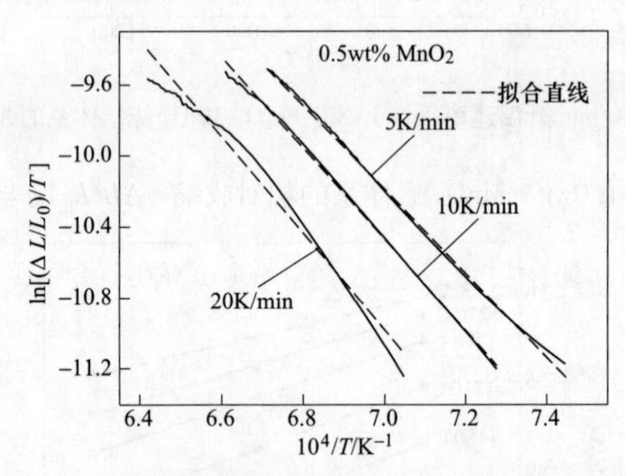

图 4-10　添加 0.5wt% MnO_2 后体系分别在 5K/min、10K/min 和 20K/min 升温速率条件下 $\ln[(\Delta L/L_0)/T]$ 与 $1/T$ 的关系图

对图 4-10 中的曲线进行线性拟合后，可以看出不同升温速率条件下三条曲线拟合后的斜率比较接近，取三条斜率的平均值代入式（4-8）可以算出添加

0.5wt% MnO_2 后体系烧结的表观活化能，MnO_2 其他添加水平试样的烧结表观活化能也依照该方法进行计算，最终得到添加不同含量 MnO_2 之后样品的烧结活化能 Q，见表 4-3。

表 4-3 $NiO-Fe_2O_3-MnO_2$ 体系的烧结指数 m 和烧结活化能 Q

MnO_2 含量/wt%	m	Q/kJ · mol^{-1}
0	2.06	813.919
0.5	1.12	446.534
1.0	1.09	441.977
2.5	1.29	481.164

根据式（4-5）可知，指数 $m=0$，黏性流动机制；$m=1$，体积扩散机制；$m=2$，晶界扩散机制。从表 4-3 的数据可以看出，不添加 MnO_2 的样品初期烧结机制主要是晶界扩散；MnO_2 添加量分别为 0.5wt%，1.0wt% 和 2.5wt% 时，体系的初期烧结均由体积扩散机制控制。并且可以看出，添加 MnO_2 之后，整个烧结体系的表观活化能出现了大幅度的减小，其中添加 1.0wt% MnO_2 烧结体系的表观活化能从未添加时的 813.919kJ/mol 降到了 441.977kJ/mol，烧结表观活化能的降低充分说明添加 MnO_2 实现了体系的活化烧结。

4.3 $NiO-Fe_2O_3-V_2O_5$ 体系的初期烧结行为动力学

图 4-11 是分别添加 0wt%、0.5wt%、1.0wt%、2.5wt% V_2O_5 后体系在 5K/min、10K/min、20K/min 三种不同升温速率条件下的烧结曲线。添加不同含量 V_2O_5 的烧结体系大致呈现出相同的烧结趋势，升温速率较低的样品，线性收缩比升温速率较高的样品大，致密化程度较高。添加 V_2O_5 之后样品的线收缩程度明显高于无添加剂的样品，并且随着 V_2O_5 添加量的增加，样品的线收缩程度变大，另外看出添加 V_2O_5 可以降低样品的起始收缩温度。为便于观察 V_2O_5 添加量对样品初期烧结行为的影响，以 5K/min 升温速率条件下 $NiO-Fe_2O_3-V_2O_5$ 烧结体系为例，进行了重新作图，得到添加不同添加量 V_2O_5 的样品烧结曲线，如图 4-12 所示。

从图 4-12 的局部放大图可以看出，在 5K/min 升温速率条件下，添加不同含量 V_2O_5 后的各条烧结曲线在较低温度段内均出现了不同程度的膨胀现象，并且可以看出，无添加剂的样品起始收缩温度为 1030℃；添加 0.5wt%、1.0wt% 和 2.5wt% V_2O_5 后样品起始收缩温度分别降为：815℃、757℃ 和 671℃。由此可见添加 V_2O_5 可以使基体在较低温度下进行线性收缩，添加量越大，这种趋势就更加明显。在 1290℃ 时，无添加剂样品最终线收缩率为 10.85%；添加 0.5wt%、1.0wt% 和 2.5wt% V_2O_5 后样品的最终线收缩率分别为 12.11%、13.54% 和 15.88%。

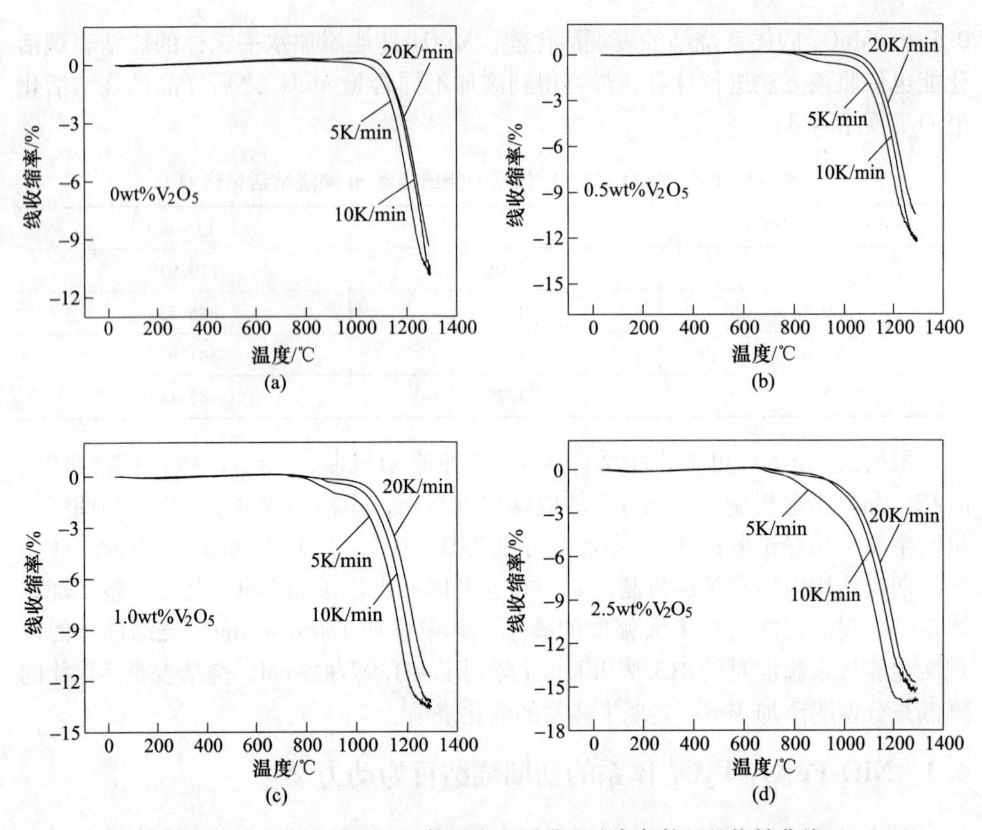

图 4-11　$NiO-Fe_2O_3-V_2O_5$ 体系在不同升温速率条件下的烧结曲线

(a) V_2O_5 含量 0wt%；(b) V_2O_5 含量 0.5wt%；(c) V_2O_5 含量 1.0wt%；(d) V_2O_5 含量 2.5wt%

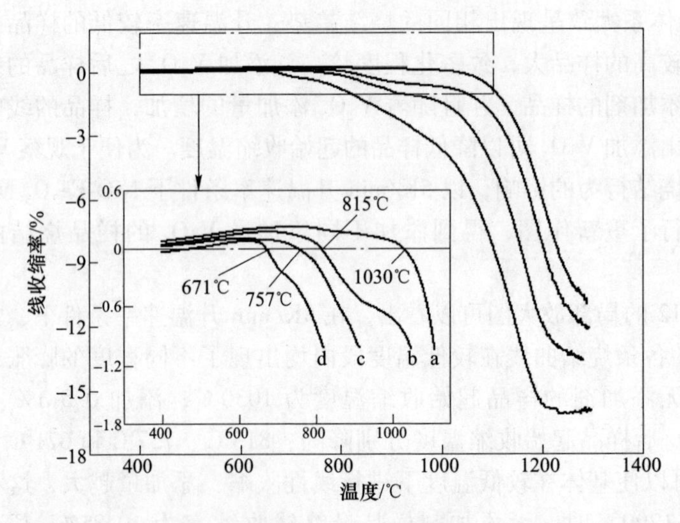

图 4-12　$NiO-Fe_2O_3-V_2O_5$ 体系在 5K/min 升温速率条件下的烧结曲线

a—V_2O_5 含量 0wt/%；b—V_2O_5 含量 0.5wt%；c—V_2O_5 含量 1.0wt%；d—V_2O_5 含量 2.5wt%

经比较发现添加 2.5wt% V_2O_5 后样品起始收缩温度比无添加剂样品的起始收缩温度低了 362℃，并可获得较大的线收缩率 15.88%。

图 4-13 是添加了不同含量 V_2O_5 后样品在 5K/min 升温速率条件下的致密化曲线图。由图 4-13 可见，V_2O_5 添加量为 0wt%时，样品在 1206℃时获得最大线性收缩速率；添加 0.5wt%、1.0wt%和 2.5wt% V_2O_5 后，样品分别在 1193℃、1169℃和 1149℃温度时获得最大收缩速率。结果表明 V_2O_5 可以降低烧结温度，加快合成 $NiFe_2O_4$ 尖晶石的致密化过程，随着 V_2O_5 添加量的增大，其降低样品烧结温度，加快致密化的作用愈加明显。

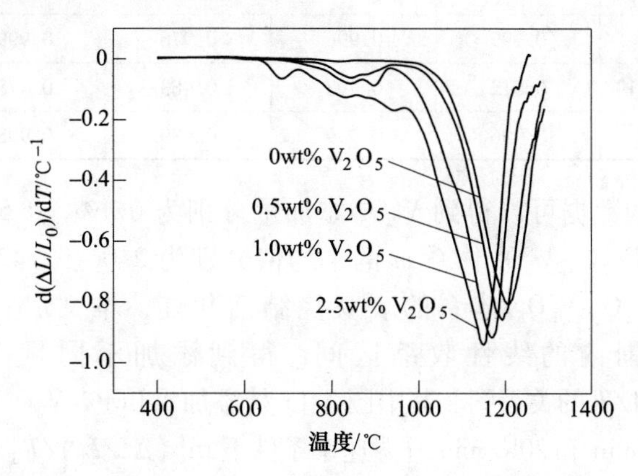

图 4-13 升温速率为 5K/min 条件下 NiO-Fe_2O_3-V_2O_5 烧结体系的线收缩速率

基于式（4-11）可以得到特定温度下 NiO-Fe_2O_3-V_2O_5 体系的相对收缩 $(\Delta L/L_0)_T$ 与升温速率 C 间的自然对数图。图 4-14 为添加 0.5wt% V_2O_5 后体系的 $\ln(\Delta L/L_0)_T$-$\ln C$ 图。通过图 4-14 可以得到掺杂 0.5wt% V_2O_5 后样品在不同温度时 $1/(m+1)$ 和线性回归系数 R 的数值。用同样的方法可以得到 V_2O_5 其他不同添加水平的样品在不同温度时 $1/(m+1)$ 和线性回归系数 R 的数值，结果见表 4-4。

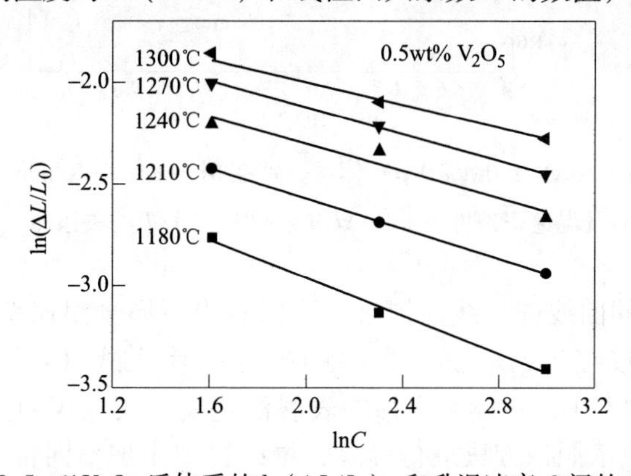

图 4-14 添加 0.5wt%V_2O_5 后体系的 $\ln(\Delta L/L_0)_T$ 和升温速率 C 间的自然对数关系图

表 4-4　$NiO-Fe_2O_3-V_2O_5$ 体系在不同温度下 $1/(m+1)$ 和线性回归系数 R 的数值

项　目		温度/℃				
		1180	1210	1240	1270	1300
0wt% V_2O_5	$1/(m+1)$	0.466	0.367	0.331	0.325	0.297
	R	0.985	0.984	0.983	0.993	0.996
0.5wt% V_2O_5	$1/(m+1)$	0.467	0.451	0.415	0.386	0.337
	R	0.996	0.999	0.973	0.999	0.996
1.0wt% V_2O_5	$1/(m+1)$	0.482	0.467	0.427	0.413	0.395
	R	0.999	0.996	0.976	0.999	0.987
2.5wt% V_2O_5	$1/(m+1)$	0.512	0.498	0.483	0.478	0.469
	R	0.996	0.999	0.999	0.998	0.991

根据表 4-4 的数据可以得到 V_2O_5 添加量分别为 0wt%、0.5wt%、1.0wt%和 2.5wt%时，$NiO-Fe_2O_3-V_2O_5$ 体系 m 的平均值分别为 2.06、1.47、1.30 和 1.05。为了计算 $NiO-Fe_2O_3-V_2O_5$ 体系的表观烧结活化能，本文取一段相对收缩在 1.5%~9.0% 范围内的线性收缩区间，得到添加不同量 V_2O_5 后试样的 $\ln(\Delta L/L_0/T)$ 与 $1/T$ 的关系图。其中图 4-15 是添加 1.0wt% V_2O_5 后烧结体系分别在 5K/min、10K/min 和 20K/min 升温速率条件下 $\ln[(\Delta L/L_0)/T]$ 与 $1/T$ 的关系图。

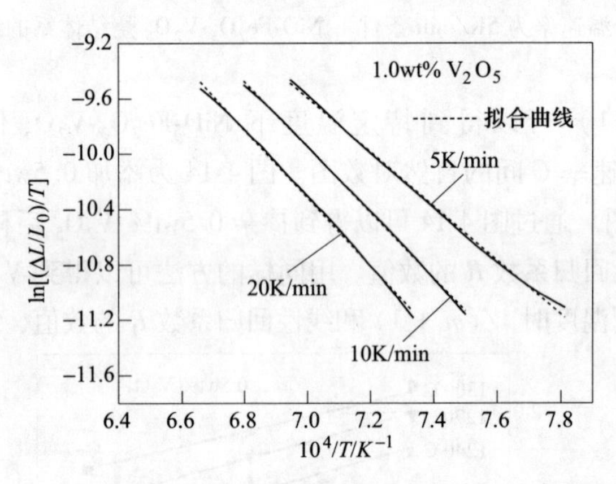

图 4-15　$NiO-Fe_2O_3$-1.0wt% V_2O_5 体系分别在 5K/min、10K/min 和 20K/min 升温速率条件下 $\ln[(\Delta L/L_0)/T]$ 与 $1/T$ 的关系图

对图 4-15 中的曲线进行线性拟合，可以看出不同升温速率条件下三条曲线拟合后的斜率比较接近，取三条斜率的平均值代入式（4-8）可以算出添加 1.0wt% V_2O_5 后 $NiO-Fe_2O_3$ 体系烧结的表观活化能，其他 V_2O_5 添加水平试样的烧结表观活化能也依照该方法进行计算，最终得到添加不同含量 V_2O_5 后样品的烧结指数 m 和烧结活化能 Q，见表 4-5。

表 4-5 $NiO-Fe_2O_3-V_2O_5$ 体系的烧结指数 *m* 和烧结活化能 *Q*

V_2O_5 含量/wt%	*m*	$Q/kJ \cdot mol^{-1}$
0	2.06	813.919
0.5	1.47	619.578
1.0	1.30	431.361
2.5	1.05	298.806

根据式（4-5）和表 4-5 的数据可知，无添加的样品初期的烧结机制主要是晶界扩散，随着 V_2O_5 添加量增加到 2.5wt%，体系的烧结指数随之减小，逐渐从最初的 2.06 减小到 1.05，$NiO-Fe_2O_3-V_2O_5$ 体系初期的烧结机制从晶界扩散过渡到体积扩散。烧结机制的变化使得 $NiO-Fe_2O_3-V_2O_5$ 体系烧结表观活化能出现了大幅度的降低，随着 V_2O_5 添加量增大到 2.5wt%，$NiO-Fe_2O_3-V_2O_5$ 体系的表观活化能从 813.919kJ/mol 降到了 298.806kJ/mol。

4.4 $NiO-Fe_2O_3-TiO_2$ 体系的初期烧结行为动力学

图 4-16 是分别添加 0wt%、0.5wt%、1.0wt%、2.5wt% TiO_2 后体系在 5K/min、10K/min、20K/min 三种升温速率条件下的烧结曲线。添加不同含量 TiO_2 的烧结

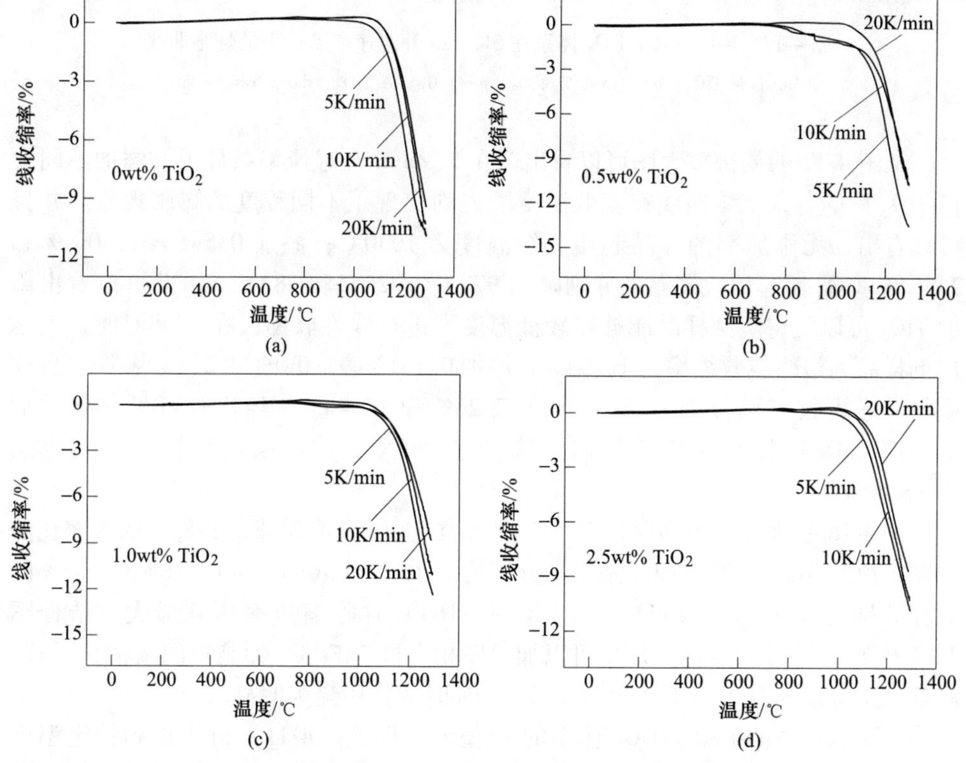

图 4-16 $NiO-Fe_2O_3-TiO_2$ 体系在不同升温速率条件下的烧结曲线

体系大致呈现出相同的趋势，升温速率较低的样品，线性收缩较大，致密化程度较高。添加 TiO_2 后样品的线收缩程度明显高于没添加 TiO_2 的样品，另外可以看出添加 TiO_2 可以降低样品的起始收缩温度。为便于观察 TiO_2 添加量对样品初期烧结行为的影响，以 5K/min 的升温速率为例，进行了重新作图，得到添加不同含量 TiO_2 后样品的烧结曲线，如图 4-17 所示。

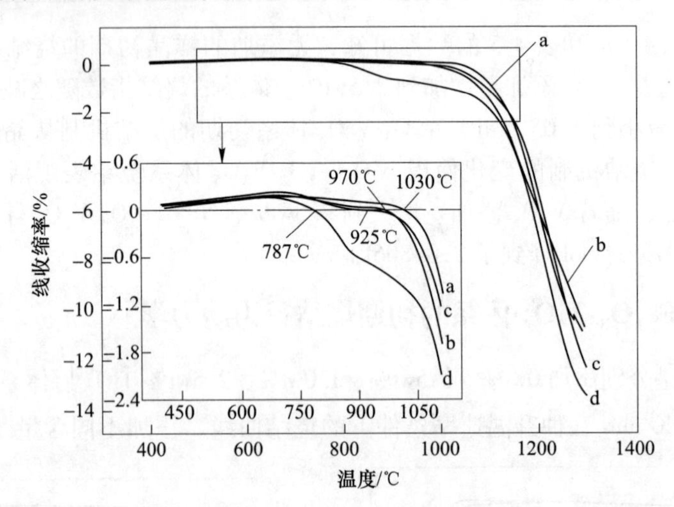

图 4-17 $NiO-Fe_2O_3-TiO_2$ 体系在 5K/min 升温速率条件下的烧结曲线

a—0wt/% TiO_2；b—0. 5wt/% TiO_2；c—1. 0wt/% TiO_2；d—2. 5wt/% TiO_2

从图 4-17 的局部放大图可以看出，在 5K/min 升温速率条件下，添加不同含量 TiO_2 后的各条烧结曲线在较低温度段内均出现了不同程度的膨胀现象。并且可以看出，无添加剂的样品起始收缩温度为 1030℃；添加 0. 5wt%、1. 0wt%和 2. 5wt% TiO_2 后起始收缩温度分别降为 970℃、925℃和 787℃。由此可以看出添加 TiO_2 可以使得烧结样品能够在较低温度下进行线性收缩。在 1300℃时，无添加剂样品的最终线收缩率为 10. 94%；添加 0. 5wt%、1. 0wt%和 2. 5wt% TiO_2 后样品的最终线收缩率分别为 10. 82%、12. 26%和 13. 44%。经比较可见此处添加 2. 5wt% TiO_2 后样品起始收缩温度降低了 243℃，并可以获得较大的线收缩率 13. 44%。

图 4-18 是添加了不同含量 TiO_2 后样品在 5K/min 升温速率条件下的致密化曲线图。由图 4-18 可见，TiO_2 添加量分别为 0wt%、0. 5wt%、1. 0wt%和 2. 5wt%的试样分别在 1224℃、1209℃、1197℃和 1164℃时收缩速率达到最大。结合图 4-17 和图 4-18 可以发现，TiO_2 可以加快固相合成 $NiFe_2O_4$ 尖晶石的致密化过程，降低烧结温度，其中当 TiO_2 含量为 2. 5wt%时的作用最为明显。

为了求得 $NiO-Fe_2O_3-TiO_2$ 体系的 m 值，借助式（4-11）可以得到特定温度下 $NiO-Fe_2O_3-TiO_2$ 体系的相对收缩 $(\Delta L/L_0)_T$ 与升温速率 C 间的自然对数图。图

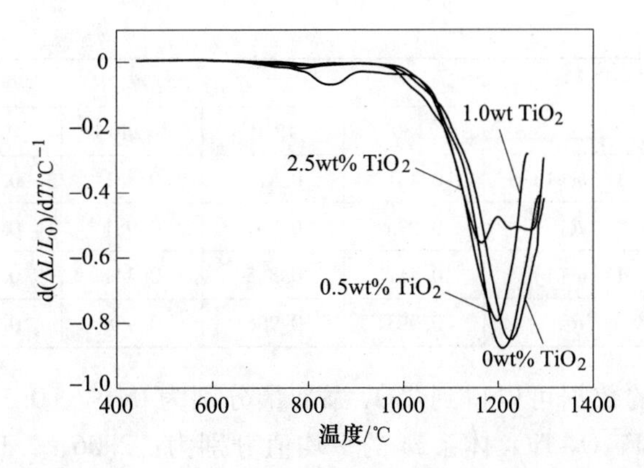

图 4-18 升温速率为 5K/min 条件下 $NiO-Fe_2O_3-TiO_2$ 烧结体系的线收缩速率

4-19 是添加 1.0wt% TiO_2 后体系的 $\ln(\Delta L/L_0)_T$-$\ln C$ 图，通过图 4-19 可以得到样品在不同温度时的 $1/(m+1)$ 值和线性回归系数 R。用同样的方法可以得到添加不同含量 TiO_2 后样品在不同温度时 $1/(m+1)$ 和线性回归系数 R 的数值，见表 4-6。

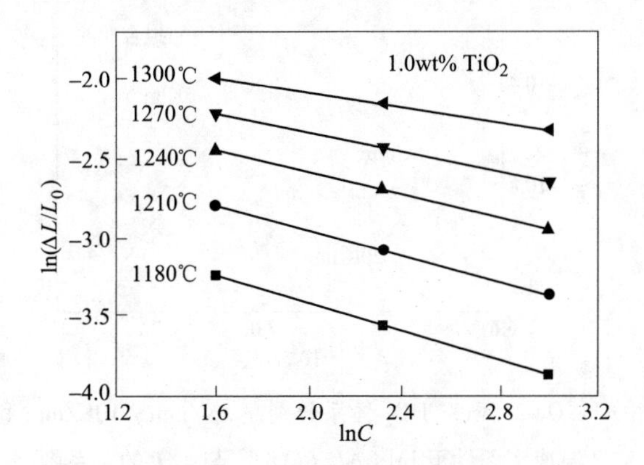

图 4-19 $NiO-Fe_2O_3$-1.0wt% TiO_2 体系的 $(\Delta L/L_0)_T$ 和升温速率 C 间的自然对数关系图

表 4-6 $NiO-Fe_2O_3-TiO_2$ 体系在不同温度下 $1/(m+1)$ 和线性回归系数 R 的数值

项 目		温度/℃				
		1180	1210	1240	1270	1300
0wt% TiO_2	$1/(m+1)$	0.466	0.367	0.331	0.325	0.297
	R	0.985	0.984	0.983	0.993	0.996
0.5wt% TiO_2	$1/(m+1)$	0.431	0.402	0.333	0.305	0.231
	R	0.995	0.998	0.988	0.997	0.993

续表 4-6

项 目		温度/℃				
		1180	1210	1240	1270	1300
1.0 wt% TiO_2	$1/(m+1)$	0.451	0.411	0.361	0.310	0.239
	R	0.995	0.991	0.981	0.996	0.984
2.5wt% TiO_2	$1/(m+1)$	0.417	0.385	0.341	0.289	0.229
	R	0.993	0.996	0.998	0.994	0.992

根据表 4-6 的数据可以得到 TiO_2 添加量分别为 0wt%、0.5wt%、1.0wt% 和 2.5wt%时，$NiO-Fe_2O_3-TiO_2$ 体系 m 的平均值分别为：2.06、2.15、2.08、1.97。为了计算 $NiO-Fe_2O_3-TiO_2$ 体系的表观烧结活化能，本书取一段相对收缩在1.5%~9.0%范围内的线性收缩区间，得到 $\ln[(\Delta L/L_0)/T]$ 与 $1/T$ 的关系图。其中图 4-20 是添加 2.5wt% TiO_2 后 $NiO-Fe_2O_3-TiO_2$ 体系分别在 5K/min，10K/min 和 20K/min 升温速率条件下 $\ln[(\Delta L/L_0)/T]$ 与 $1/T$ 的关系图。

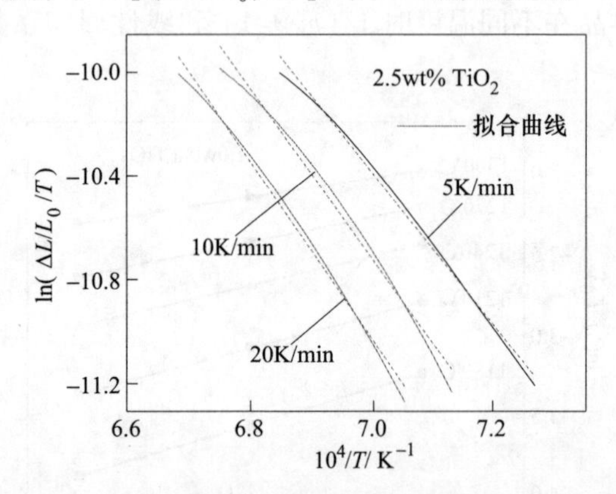

图 4-20 $NiO-Fe_2O_3$-2.5wt% TiO_2 体系分别在 5K/min、10K/min 和 20K/min 升温速率条件下 $\ln[(\Delta L/L_0)/T]$ 与 $1/T$ 的关系图

对图 4-20 中的曲线进行线性拟合，可以看出不同升温速率条件下三条曲线拟合后的斜率比较接近，取三条斜率的平均值代入式（4-8）可以算出 $NiO-Fe_2O_3$-2.5wt% TiO_2 体系的表观烧结活化能，TiO_2 其他添加水平试样的表观烧结活化能也依照该方法进行计算，最终得到添加不同含量 TiO_2 后样品的烧结活化能 Q，见表 4-7。

根据式（4-5）和表 4-7 的数据可知，不添加 TiO_2 的样品初期烧结机制主要是靠晶界扩散；分别添加 0.5wt%、1.0wt%和 2.5wt% TiO_2 后，体系初期的烧结机制仍然是晶界扩散。尽管烧结机制没有变化，但由于烧结指数 m 的变化，使得整个烧结体系的表观活化能出现小幅下降，其中添加 2.5wt% TiO_2 后烧结体系的表观活化能从没添加时的 813.919kJ/mol 降到了 639.361kJ/mol。

表 4-7　NiO-Fe_2O_3-TiO_2 体系的烧结指数 *m* 和烧结活化能 *Q*

TiO_2/wt%	*m*	*Q*/kJ · mol^{-1}
0	2.06	813.919
0.5	2.15	688.903
1.0	2.08	645.732
2.5	1.97	639.361

4.5　NiO-Fe_2O_3-TiN 体系的初期烧结行为动力学

在相同的条件下，研究了 Fe_2O_3-NiO-TiN 体系的初期烧结行为动力学。图 4-21 为 Fe_2O_3-NiO-TiN 体系在 5K/min、10K/min 和 15K/min 三种不同的升温速率下的线收缩。

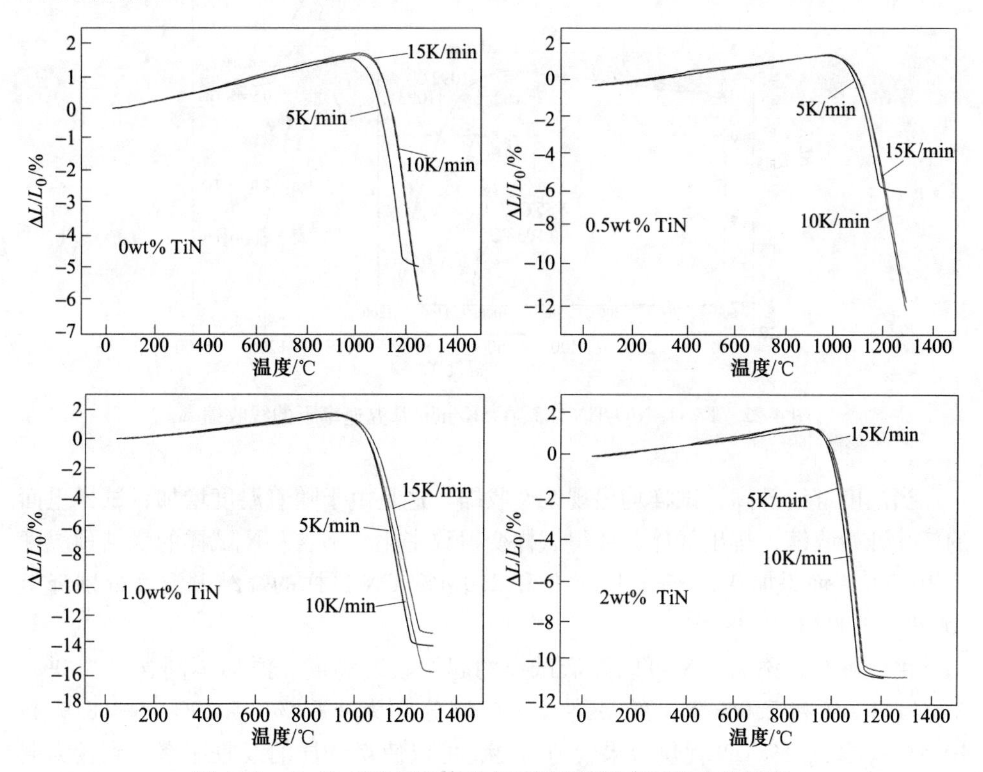

图 4-21　Fe_2O_3-NiO-TiN 体系在不同升温速率下的线收缩率

由图 4-21 可以看到，不同含量 TiN 的 Fe_2O_3-Ni 体系的烧结曲线呈现出相似趋势，加入 TiN 后，试样的烧结颈温度有一定程度的降低。同时，线收缩程度会相对增加，在同一温度下，较低升温速率试样的线收缩程度较大，致密化程度较高。

为了更好地观察 TiN 添加量对体系初期烧结行为的影响，对不同含量 TiN 试样在 5K/min 速率下的线收缩曲线进行局部放大，如图 4-22 所示。由图 4-22 可以看出，在低温区都出现了膨胀现象，主要有两个方面，一是由于黏结剂在试样中受热膨胀和燃烧以及试样中水分蒸发使得试样发生膨胀；二是由于 TiN 与其他两种原料在高温下可能发生反应，产生气体。可能的反应如式（4-12）、式（4-13），使得试样发生膨胀。

$$4Fe_2O_3(s) + 6TiN(s) = 8Fe(s) + 6TiO_2(s) + 3N_2(g) \tag{4-12}$$

$$4NiO(s) + 2TiN(s) = 4Ni(s) + 2TiO_2(s) + N_2(g) \tag{4-13}$$

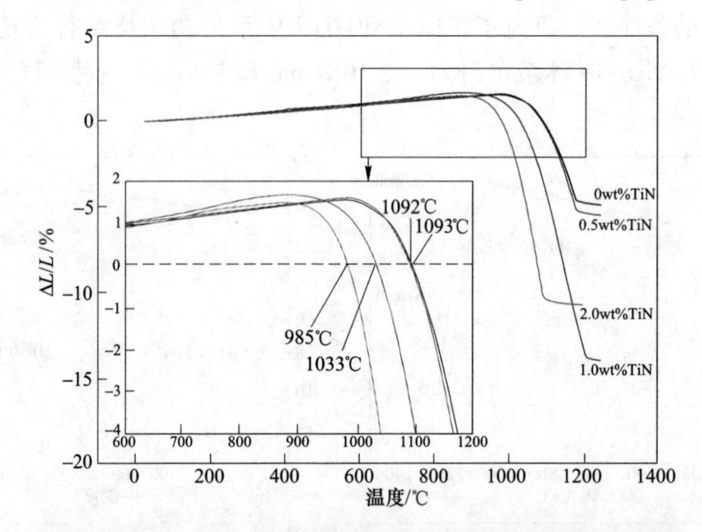

图 4-22　Fe_2O_3-NiO-TiN 体系在 5K/min 升温速率下的线收缩率

当温度继续升高，试样均出现线性收缩，这是由于随着温度增加，试样里面的气孔开始收缩，排出气体，使得试样变得致密化，不含 TiN 试样的烧结颈温度为 1093℃，而添加 0. 5wt%、1. 0wt%和 2. 0wt% TiN 试样的烧结颈温度分别降至 1092℃、1033℃和 985℃。

由此可知，添加 TiN 可以降低试样的起始收缩温度。添加不同含量为 0%、0. 5%、1. 0%和 2. 0% TiN 的最终线收缩率分别为 4. 67%、5. 29%、13. 81%和 10. 41%。添加 1%TiN 促烧效果较为明显，可以使得试样的线收缩率得到较为明显的增大。

由图 4-23 可以看出，TiN 添加量分别为 0wt%、0. 5wt%、1. 0wt%和 2. 0wt%时，试样线收缩速率达到最大时对应的温度分别为 1171℃、1167℃、1157℃和 1079℃。这表明，添加 TiN 可以加快烧结体系的致密化过程，降低烧结温度。

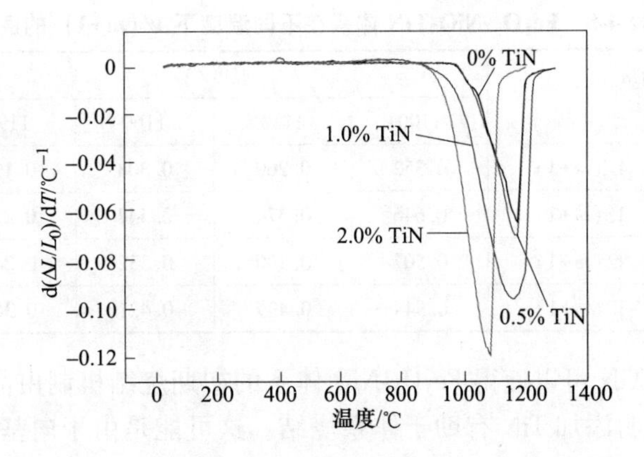

图 4-23 Fe_2O_3-NiO-TiN 烧结体系在 5K/min 升温速率下的致密化速率曲线

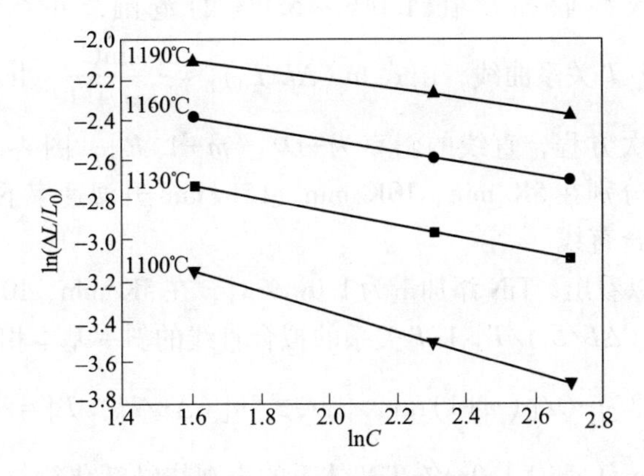

图 4-24 Fe_2O_3-NiO-1.0wt% TiN 体系的 $(\Delta L/L_0)_T$ 和升温速率 C 间的自然对数关系图

由 $\ln(\Delta L/L_0)_T = -\dfrac{\ln C}{m+1} + \ln A_1$ 得到的关系式可以得到试样添加 1.0wt% TiN 后在不同温度下的 $\ln(\Delta L/L_0)$-$\ln C$ 关系式，从而得到 $1/(m+1)$ 值。用相同的处理办法可以计算得出，添加不同量 TiN 在不同温度下曲线的 $1/(m+1)$ 值，取其中的平均值，见表 4-8。

由表 4-8 可以得出 TiN 添加量分别为 0wt%、0.5wt%、1.0wt%、2.0wt%时，Fe_2O_3-NiO-TiN 体系 m 的均值分别为 2.579、1.532、1.688、1.309。根据式 $\ln[(\Delta L/L_0)/T] = -\dfrac{Q}{(m+1)R}\dfrac{1}{T} + \ln A$，体系的扩散机制由 m 值表示。

表 4-8　Fe_2O_3-NiO-TiN 体系在不同温度下 $1/(m+1)$ 的值

TiN 添加量 /wt%		温度/℃				均值
		1100	1130	1160	1190	
0	$1/(m+1)$	0.352	0.260	0.308	0.193	0.278
0.5	$1/(m+1)$	0.646	0.374	0.347	0.212	0.395
1.0	$1/(m+1)$	0.507	0.400	0.332	0.247	0.372
2.0	$1/(m+1)$	0.544	0.439	0.421	0.367	0.433

可以看出，TiN 可以使得 Fe_2O_3-NiO 体系的初期烧结机制由晶界扩散转变为体积扩散，这说明添加 TiN 有助于体系烧结。这可能是由于向基体引入 TiN 后，在 Ar 气氛下烧结过程中，会生成少量金属 Ni-Fe 金属相填充到孔隙中，促进烧结基体材料结构的致密化过程。

为了计算 NiO-Fe_2O_3-TiN 烧结体系的表观活化能，在不同升温速率下的线收缩率曲线上截取线收缩率在 1.0%～5.0% 的范围，并在该范围内绘制 $\ln[(\Delta L/L_0)/T]$-$1/T$ 关系曲线，由式 $\ln(\Delta L/L_0)_T = -\frac{\ln C}{m+1} + \ln A_1$ 可以看出，该关系式为二元一次方程，直线的斜率为 $-Q/[(m+1)R]$，图 4-25 为 Fe_2O_3-NiO-1.0wt% TiN 体系分别在 5K/min、10K/min、15K/min 升温速率下的 $\ln[(\Delta L/L_0)/T]$-$1/T$ 关系的拟合直线。

由图 4-25 可以看出，TiN 添加量为 1.0wt%时，在 5K/min、10K/min、15K/min 升温速率下的 $\ln[(\Delta L/L_0)/T]$-$1/T$ 关系的拟合直线的斜率基本相同，所以，取三者斜率的平均值即为 $-Q/[(m+1)R]$，代入式 $\ln[(\Delta L/L_0)/T] = -\frac{Q}{(m+1)R}\frac{1}{T} + \ln A$ 就可以算出 Fe_2O_3-NiO-1.0wt% TiN 体系的表观烧结活化能。用相同的方法计算出烧结体系在不同 TiN 添加量的表观烧结活化能 Q，见表 4-9。

表 4-9　Fe_2O_3-NiO-TiN 体系的烧结指数 m 和烧结活化能 Q

TiN 含量/wt%	m	Q/kJ·mol^{-1}
0	2.579	446.3
0.5	1.532	220.6
1.0	1.688	217.4
2.0	1.309	235.1

从表 4-9 可以看出，不添加 TiN 时，Fe_2O_3-NiO 体系烧结初期的扩散机制由晶界控制；当 TiN 的掺杂量分别为 0.5wt%、1.0wt%、2.0wt%时，试样烧结初期的扩散机制均由体积控制。并且，添加 TiN 后可以降低体系的表观烧结活化能，在 TiN 的添加量为 1.0wt%时，从不添加时的 446.3kJ/mol 降低到 217.4kJ/mol，

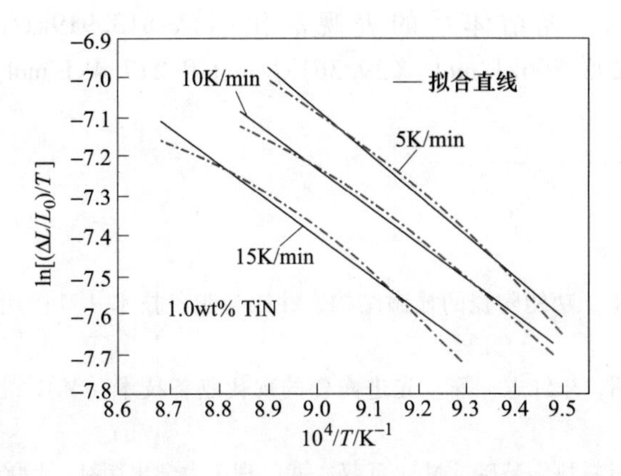

图 4-25 Fe_2O_3-NiO-1.0wt% TiN 体系分别在 5K/min、10K/min、15K/min 升温速率下 $\ln[(\Delta L/L_0)/T]$ 与 $1/T$ 的关系图

这也充分可以说明添加 TiN 可以促进体系的活化烧结。

4.6 本章小结

(1) NiO-Fe_2O_3 体系、NiO-Fe_2O_3-MnO_2 体系、NiO-Fe_2O_3-V_2O_5 体系和 NiO-Fe_2O_3-TiO_2 烧结体系的生坯样品按照 5K/min、10K/min 和 20K/min 三种不同的速率升温到 1300℃发现，升温速率较慢时样品能够获得较大的线收缩。NiO-Fe_2O_3 体系升温速率较慢时最大致密化速率对应的温度较低，升温速率增大，最大致密化速率峰值出现了向高温移动的趋势。

(2) 升温速率为 10K/min 时，NiO-Fe_2O_3 体系的起始收缩温度为 1095℃，添加 1.0wt% MnO_2 后的样品起始收缩温度降为 758℃，最大的线收缩率为 12.07%。升温速率为 5K/min 时，添加 2.5wt% V_2O_5 后起始收缩温度降为 671℃，最大的线收缩率为 15.88%；添加 2.5wt% TiO_2 后起始收缩温度降为 787℃，最大的线收缩率为 13.44%。

(3) 升温速率为 10K/min 时，NiO-Fe_2O_3 体系最大收缩速率对应的温度为 1240℃，添加 1.0wt% MnO_2 后该温度降为 1221℃；升温速率为 5K/min 时，NiO-Fe_2O_3 体系最大收缩速率对应的温度为 1206℃，添加 2.5wt% V_2O_5、2.5wt% TiO_2 后烧结体系分别在 1149℃、1164℃时收缩速率达到最大。结果表明添加剂 MnO_2、V_2O_5、TiO_2、TiN 可以降低烧结温度，加快合成 $NiFe_2O_4$ 尖晶石的致密化过程。

(4) NiO-Fe_2O_3 体系在烧结初期的烧结机制以晶界扩散机制为主，烧结的表观活化能，Q 为 813.919kJ/mol。NiO-Fe_2O_3-MnO_2 体系、NiO-Fe_2O_3-V_2O_5 体系、NiO-Fe_2O_3-TiO_2 体系和 NiO-Fe_2O_3-TiN 初期烧结分别由体积扩散机制、体积扩散机制和晶界扩散机制控制。分别添加 1.0wt% MnO_2、2.5wt% V_2O_5、2.5wt% TiO_2

和 1.0wt% TiN 后，烧结体系的表观活化能从 813.919kJ/mol 分别降到了 441.977kJ/mol、298.806kJ/mol、639.361kJ/mol 和 217.4kJ/mol。

参考文献

[1] 殷庆瑞，祝炳和．功能陶瓷的显微结构、性能与制备技术［M］．北京：冶金工业出版社，2005.

[2] 王树海，李安明，乐红志，等．先进陶瓷的现代制备技术［M］．北京：化学工业出版社，2007.

[3] 陆佩文．无机材料科学基础［M］．武汉：武汉理工大学出版社，1996.

[4] 冯端，师昌绪，刘治国．材料科学导论-融贯的论述［M］．北京：化学工业出版社，2002：502-540.

[5] 李继光，孙旭东，王雅蓉，等．α-Al_2O_3 纳米粉的烧结动力学［J］．金属学报，1998，34（2）：195-199.

[6] 魏坤，彭珊珊，石燕．纳晶稀土复合氧化物 $Dy_{1-x}Sr_xCoO_{3-y}$ Ⅱ固相烧结动力学研究［J］．化学学报，1998，56：780-784.

[7] 孙军龙，张希华，刘长霞，等．透辉石增韧补强氧化铝基陶瓷材料烧结动力学和烧结机制［J］．人工晶体学报，2008，37（5）：1177-1182.

[8] 于先进，戴厚晨，邱竹贤．$NiFe_2O_4$ 基铝用惰性阳极的试制［J］．沈阳黄金学院学报，1996，15（2）：120-124.

[9] 焦万丽，张磊，姚广春，等．$NiFe_2O_4$ 合成工艺对惰性阳极力学性能及电导率的影响［J］．东北大学学报（自然科学版），2005，26（3）：270-273.

[10] 张磊，焦万丽，姚广春．$NiFe_2O_4$ 惰性阳极的制备及其电解腐蚀机理［J］．硅酸盐学报，2005，33（12）：1431-1436.

[11] 焦万丽，张磊，姚广春．$NiFe_2O_4$ 尖晶石烧结过程阳极试样力学性能的影响［J］．材料科学与工艺，2006，14（4）：337-340.

[12] Wang J，Raj R. Activation energy for the sintering of two-phase alumina/zirconia ceramics［J］. Journal of the American Ceramic Society，1991，74（8）：1959-1963.

[13] Chu M Y，Rahaman N N，Brook R J，et al. Effect of heating rate on sintering and coarsening［J］. Journal of the American Ceramic Society，1991，74（6）：1217-1225.

[14] Young W S，Cutler I B. Initial sintering with constant rates of heating［J］. Journal of the American Ceramic Society，1970，53（12）：659-663.

[15] Woolfrey J L，Bannister M J. Non-isothermal techniques for studying initial-stage sintering［J］. Journal of the American Ceramic Society，1972，55（8）：390-398.

[16] Zhang T S，Peter H，Huang H T. Early-stage sintering mechanisms of Fe-doped CeO_2［J］. Journal of Materials Science，2002，37：997-1003.

5 等温烧结晶粒生长动力学

晶粒生长动力学主要是对晶粒在不同生长条件下生长机制的描述,并研究晶粒生长速率与晶粒生长驱动力之间的关系[1]。晶粒生长是指旧的物相（亚稳相）在一定的温度和压力下逐步转变成新相（稳定相）的动力学过程，或者说就是晶核不断生成，并逐渐长大，体系中晶粒的平均尺寸逐渐增大的过程。

研究晶粒生长动力学的主要任务是对晶粒尺寸进行控制。一般来讲，晶粒长大现象分为两类：一是正常晶粒长大，二是异常晶粒长大。正常晶粒长大是指体系中晶粒平均尺寸相对均匀，尺寸范围较为集中，晶粒形状相对稳定，平均晶粒尺寸平稳有序增大的晶粒生长过程。异常晶粒长大是指在一定的生长条件下体系中大部分晶粒的生长因为各种原因受阻而仅有小部分晶粒正常长大的晶粒生长过程。

经典晶粒生长理论指出，晶粒长大是通过粒子扩散迁移到晶粒表面并被表面吸附产生稳定结构而逐渐长大，在这个过程中，小晶粒不断消失，大晶粒不断长大，体系总表面自由能的减小对该过程自动进行产生驱动力。

晶粒生长过程存在表面扩散、晶界迁移和烧结活性等机理，是一个十分复杂的过程，研究起来较为困难，因此，在建立晶粒生长模型时，对晶粒生长过程进行一些假设并在计算晶粒生长动力学中应用近似处理很有必要。有关晶粒生长理论的研究，这些假设一般包括：晶界迁移速率与作用于晶界的驱动力呈线性关系；晶界表面自由能是唯一的晶粒生长驱动力；晶界相交处的形状保持稳定，相交处的界面张力达到局部平衡；晶粒在体系中随机分布，与晶粒尺寸、晶粒形态等无关；相同的晶粒具有相同的特性。在这些假设的前提下和实验研究的基础上，出现了很多晶粒生长模型，较有代表性的模型如下：

Hillert 模型：M. Hillert[2] 认为在一个体系中，存在大量尺寸大小不一的晶粒，可以从统计学的角度将这些晶粒按大小分为三组，其中存在一个临界晶粒尺寸，大于该临界值的晶粒生长速率为正值，即该组中的晶粒能够逐渐长大，小于该临界值的晶粒生长速率为负值，即该组中的晶粒会逐渐变小直至消失，而等于该临界值的晶粒生长速率为零，即该晶粒不会长大也不会变小。Hillert 模型从统计学角度构建出了晶粒生长速率与晶界曲率的数学表达式，解决了一个体系内一定晶粒尺寸范围内的晶粒生长问题。

气泡链模型：该模型[3]主要是将晶粒假设为理想的球状气泡，构建出晶粒生长速率与晶粒尺寸间的关系，其中以晶粒尺寸作为自变量，通常的表达式为：

$$\frac{\mathrm{d}R_i}{\mathrm{d}t} = -\frac{M}{R_i^2}\sum_j^n A_{ij}\left(\frac{1}{R_i} - \frac{1}{R_j}\right) \tag{5-1}$$

式中，M 为与界面自由能和迁移速率相关的恒定常数；R_i、R_j 分别为是邻近晶粒的半径；A_{ij} 为相互接触的两晶粒之间的接触面积，与晶粒半径有关；n 为单晶粒相邻近的晶粒数。该模型能很好地应用于三维体系中，且能较直接地得出晶粒尺寸随时间变化的关系式。在推导方法上，应用统计学计算两相邻晶粒的接触面积，应用晶粒拓扑参数作为晶粒尺寸求和的上限，模型较 Hillert 模型复杂。

诺依曼模型：该模型主要是把体系中的晶粒分隔开来，有针对性地对单一的某个晶粒进行分析，研究单个晶粒的生长速率。通常的表达式如下：

$$\frac{\mathrm{d}A}{\mathrm{d}t} = \frac{\pi}{3}m\gamma(n-6) \tag{5-2}$$

式中，A 为晶粒表面积；n 为晶粒的边数；γ 为界面表面自由能；m 为迁移率。诺依曼模型开拓性的研究了晶粒生长速率与晶粒拓扑参数之间的定量关系，得出单个晶粒生长速率与晶粒尺寸不存在直接关系的结论，但在三维尺度上难以确定晶粒边数与晶粒尺寸的对应关系，限制了该模型的实际应用。

晶粒生长模型经过长期的发展，最终以 M. Hinert 由微米晶发展起来的晶粒生长动力学模型为经典晶粒生长动力学模型，Brook 在此基础上提出了 Brook 晶粒生长理论[4,5]，该理论已被广泛用于研究无压、热压、微波、快速烧结等各种不同条件下的晶粒生长情况[6~8]，并得到了较好的验证。

根据 Brook 晶粒生长动力学模型，在等温烧结过程中晶粒生长规律可表示为：

$$D^n - D_0^n = Kt \tag{5-3}$$

式中，D 为经过 t 时间焙烧后的晶粒平均尺寸；D_0 为初始晶粒平均尺寸；n 为晶粒生长指数；K 为晶粒生长速率常数。由 Arrhenius 公式[9]，有：

$$K = K_0\exp(-Q/RT) \tag{5-4}$$

式中，K_0 为常数；R 为气体常数，其值为 8.314J/(mol · K)；T 为绝对温度。等温烧结过程中，K 为常数。由式（5-3）和式（5-4）可以得到：

$$D^n - D_0^n = K_0 t\exp(-Q/RT) \tag{5-5}$$

由于在烧结实验范围内 $D_0 \ll D$，所以：

$$D^n = Kt = K_0 t\exp(-Q/RT) \tag{5-6}$$

将式（5-6）两边同时取对数，则式（5-6）可改写为：

$$n\ln D = \ln K_0 + \ln t - Q/RT \tag{5-7}$$

$$n\ln D = \ln K + \ln t \tag{5-8}$$

通过式（5-7）可以看出：ln*D* 和 1/*T* 应该呈直线关系，其斜率为 $-Q/R$，因此，通过求取斜率可以求取晶粒生长活化能；从式（5-8）可以看出：ln*D* 和 ln*t* 呈直线关系，其斜率为 $1/n$ ，截距为 $(\ln K)/n$。同样可以求取相应的晶粒生长指数，进而可以根据晶粒生长活化能和晶粒生长指数推断可能的晶粒生长模式。

对经不同烧结温度和保温时间煅烧后的试样进行打磨、抛光后拍摄扫描电镜图片，应用 Image Pro-Plus 6.0 软件对样品的晶粒进行测量统计，可以得到样品的平均晶粒尺寸。

5.1 $NiO-Fe_2O_3$ 体系的等温烧结过程

图 5-1 列出了各烧结温度和保温时间条件下，$NiO-Fe_2O_3$ 体系样品的平均晶粒尺寸。对相同温度下的数据进行线性拟合，得到了四条直线，根据各直线的斜率，求出了不同烧结温度下 $NiO-Fe_2O_3$ 体系烧结样品的晶粒生长动力学指数，结果见表 5-1。

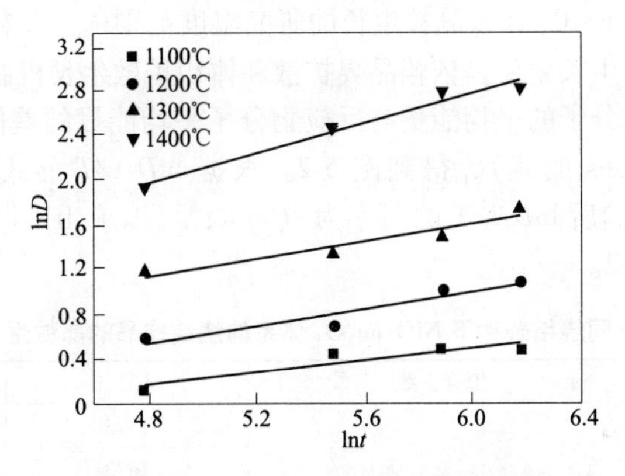

图 5-1 不同温度条件下 $NiO-Fe_2O_3$ 体系的 ln*D* 与 ln*t* 的关系

表 5-1 不同烧结温度下 $NiO-Fe_2O_3$ 体系烧结样品的晶粒生长动力学指数

温度/K	拟合直线	动力学指数
1373	$\ln D=0.269\ln t-1.114$	3.717
1473	$\ln D=0.379\ln t-1.278$	2.639
1573	$\ln D=0.390\ln t-0.739$	2.564
1673	$\ln D=0.663\ln t-1.215$	1.508

由表 5-1 中的数据可知，温度为 1100℃时，晶粒生长指数为 3.717，随着温度的升高，动力学指数逐渐减小，对于 $NiO-Fe_2O_3$ 体系，当温度升高到 1400℃时，动力学指数减小到 1.508，整个温度段内的平均晶粒生长动力学指数为 2.607。将式（5-6）两边同时对 *t* 求导数，可得晶粒生长速率（ d*D*/dt ）与 *n* 和

D 的关系为：

$$\mathrm{d}D/\mathrm{d}t = K_0 \exp(-Q/RT)/nD^{n-1} \tag{5-9}$$

式（5-9）表明，晶粒生长速率 $\mathrm{d}D/\mathrm{d}t$ 与 n 及 D 的 $n-1$ 次幂的乘积呈反比关系。n 值越大，则晶粒生长速率越小；Q 值越小，则晶粒生长速率越大。在1100℃时烧结体系还没开始收缩，颗粒的接触多为点接触，正通过成核、结晶长大等原子过程形成烧结颈，晶粒还没开始生长发育；而随着温度的升高，晶粒生长速率变快。

动力学指数值的变化和晶粒生长机理密切相关。根据经典的晶粒生长动力学理论：晶粒的长大是通过离子越过晶界，即晶界迁移进行的[10]，当 $n=2$ 时，式（5-9）应为经典抛物线型的正常晶粒生长动力学，此时晶粒生长主要受晶界的曲率控制；当 $n=3$ 时，晶粒生长主要受体积扩散控制；当 $n=4$ 时，晶粒生长主要受原子随机越过晶界控制。实际材料的晶粒生长指数 n 一般大于2，通常在2~5之间变化。通过表5-1得到在整个温度范围内平均晶粒生长动力学指数为2.607，可见在本文对NiO-Fe_2O_3 体系晶粒生长的研究温度范围内，晶粒生长应该符合正常晶粒生长模式，生长主要是依赖晶界扩散和体积扩散生长机制[11]。

活化能是活化分子的平均能量与反应物分子平均能量的差值。作 $\ln D$-$1/T$ 的关系曲线（Arrhenius 曲线），得到图5-2。根据 $\ln D$-$1/T$ 的线性关系（式（5-8）），进行线性回归后 $\ln D$-$1/T$ 的斜率为 $-Q/nR$，可以求出不同温度下晶粒生长的活化能，见表5-2。

表5-2　不同烧结条件下NiO-Fe_2O_3 体系的烧结样品的晶粒生长活化能

时间/h	拟合直线	温度/K	活化能/kJ · mol^{-1}
2	$\ln D = -13704.664 \times 1/T + 9.996$	1373	423.517
		1473	300.689
		1573	292.144
		1673	171.822
4	$\ln D = -14843.835 \times 1/T + 11.030$	1373	458.721
		1473	325.683
		1573	316.428
		1673	186.105
6	$\ln D = -16636.414 \times 1/T + 12.420$	1373	514.117
		1473	365.014
		1573	354.640
		1673	208.579
8	$\ln D = -17316.362 \times 1/T + 12.955$	1373	535.130
		1473	379.932
		1573	369.135
		1673	217.104

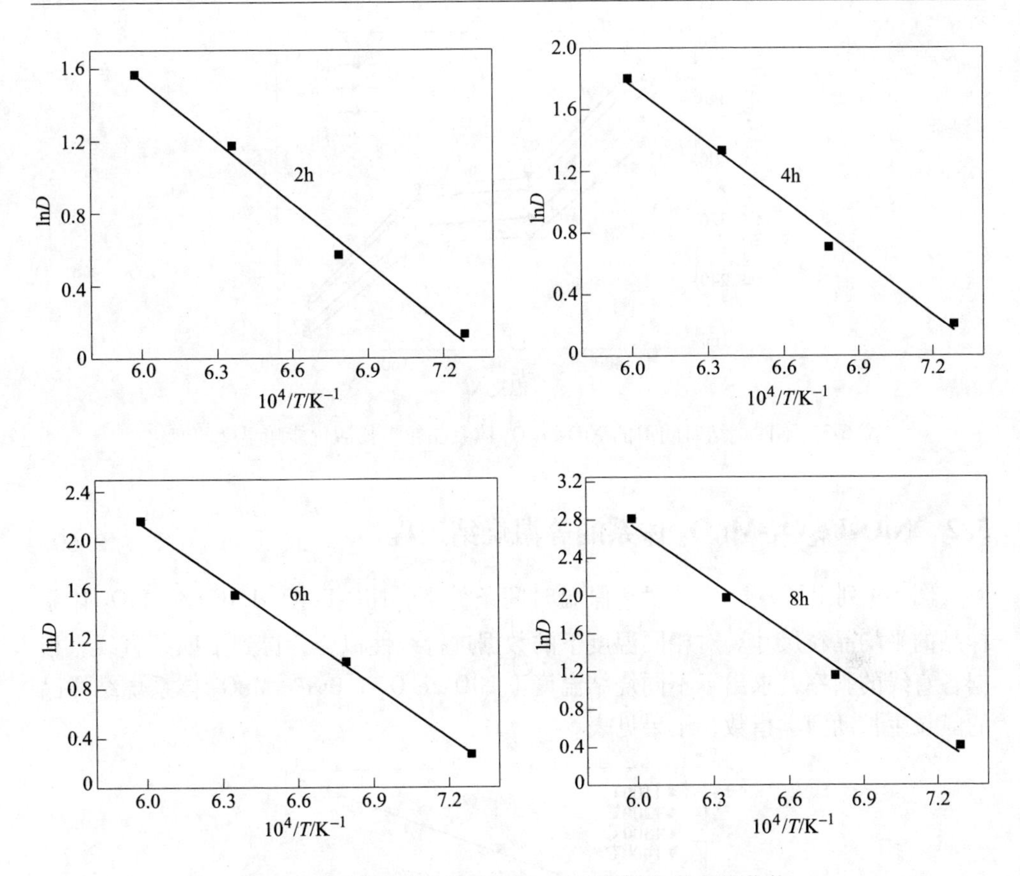

图 5-2 不同温度下 $NiO-Fe_2O_3$ 体系晶粒生长的活化能

由表 5-2 中的数据作 $NiO-Fe_2O_3$ 体系晶粒生长活化能随烧结温度及烧结时间变化的关系如图 5-3 所示。由图 5-3 可以看出，在相同的烧结时间条件下，随烧结温度的上升，晶粒生长活化能呈整体下降趋势。在 1373K、1473K、1573K 和 1673K 温度下烧结时的平均晶粒生长活化能分别为 482.871kJ/mol、342.830kJ/mol、333.968kJ/mol 和 195.903kJ/mol。这主要是因为合成 $NiFe_2O_4$ 的反应体系在较低温度下具有较高的过剩表面能，烧结活性较大，随着温度的升高，反应持续进行，使得系统将自发地向较低能量状态过渡，表现为 $NiO-Fe_2O_3$ 体系晶粒生长活化能的减小。

图 5-3 还表明，在某一温度下，晶粒生长活化能随烧结时间的延长而增大。这主要是因为，随烧结时间的延长，晶粒尺寸逐渐变大，而对任意一个晶粒，晶界移动速度与晶粒尺寸成反比，所以一定温度条件下延长烧结时间后，晶粒生长的速度逐渐变慢，需要提供更多的能量来使晶粒长大，具体表现为晶粒生长活化能的升高，这与式（5-9）表现一致。

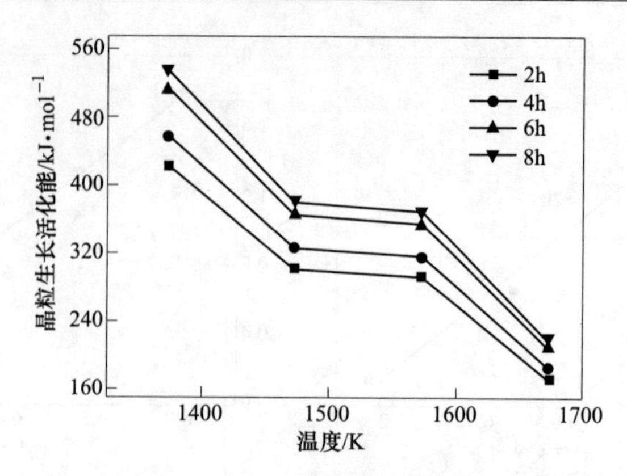

图 5-3　不同烧结时间下的 $NiO\text{-}Fe_2O_3$ 体系晶粒生长活化能随温度的变化

5.2　$NiO\text{-}Fe_2O_3\text{-}MnO_2$ 体系的等温烧结过程

图 5-4 列出了各烧结温度和保温时间条件下，$NiO\text{-}Fe_2O_3$-1.0wt% MnO_2 体系样品的平均晶粒尺寸。对相同温度下的数据进行线性拟合，得到了四条直线，根据各直线的斜率，求出了不同烧结温度下 $NiO\text{-}Fe_2O_3$-1.0wt% MnO_2 体系烧结样品的晶粒生长动力学指数，结果见表 5-3。

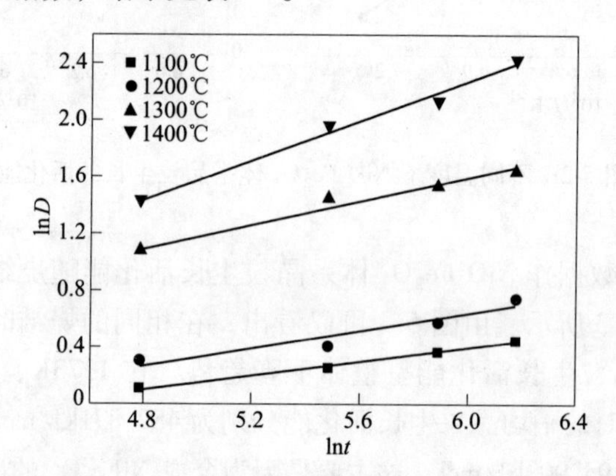

图 5-4　不同温度条件下 $NiO\text{-}Fe_2O_3$-1.0wt% MnO_2 体系的 $\ln D$ 与 $\ln t$ 的关系

表 5-3　不同烧结温度下 $NiO\text{-}Fe_2O_3$-1.0wt% MnO_2 体系烧结样品的晶粒生长动力学指数

温度/K	拟合直线	动力学指数
1373	$\ln D = 0.248\ln t - 1.092$	4.032
1473	$\ln D = 0.312\ln t - 1.234$	3.205
1573	$\ln D = 0.423\ln t - 0.940$	2.364
1673	$\ln D = 0.700\ln t - 1.927$	1.429

由表5-3中的数据可知，温度为1100℃时，添加1.0wt% MnO_2 后晶粒生长指数为4.032，随着温度的升高，晶粒生长指数逐渐减小，对于 $NiO-Fe_2O_3$-1.0wt% MnO_2 体系，当温度升高到1400℃时，晶粒生长指数减小到1.429，整个温度段内的平均晶粒生长动力学指数为2.757。在1100~1400℃温度范围内，与 $NiO-Fe_2O_3$ 体系相比可发现，温度为1100℃和1200℃时，添加1.0wt% MnO_2 后体系烧结的晶粒生长指数（4.032和3.205）比同温度下无添加剂样品的晶粒生长指数（3.717和2.639）大；温度不低于1300℃时，添加1.0wt% MnO_2 后样品晶粒生长指数比无添加剂样品的晶粒生长指数小。这说明添加1.0wt%的 MnO_2 后，在较高温度下才能够有效促进晶粒生长。

作 $\ln D$-$1/T$ 的关系曲线（Arrhenius 曲线），得到图5-5。根据 $\ln D$-$1/T$ 的线性关系，进行线性回归后 $\ln D$-$1/T$ 的斜率为 $-Q/nR$，可以求出不同温度下晶粒生长的活化能，见表5-4。

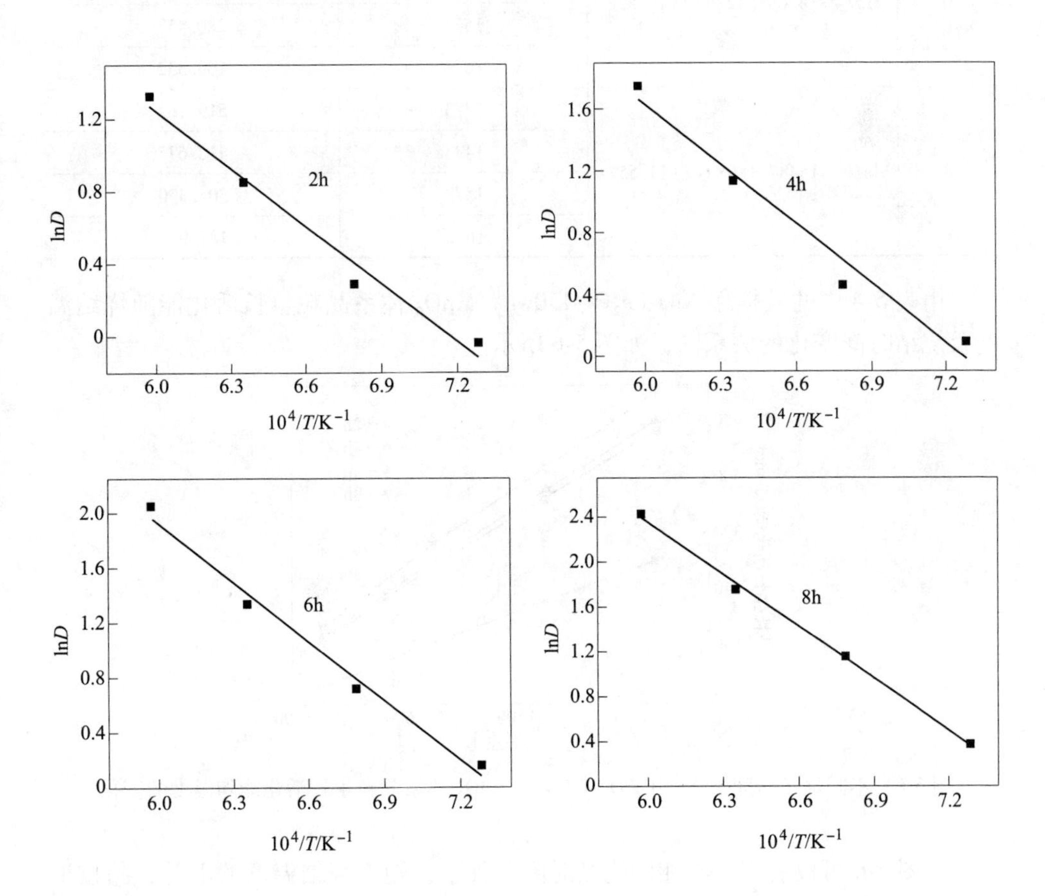

图5-5　不同温度下 $NiO-Fe_2O_3$-1.0wt% MnO_2 体系晶粒生长的活化能

表 5-4 不同烧结条件下 NiO-Fe_2O_3-1.0wt% MnO_2 体系烧结样品的晶粒生长活化能

时间/h	拟合直线	温度/K	活化能/$kJ \cdot mol^{-1}$
2	$\ln D=-11519.141\times 1/T+8.263$	1373	386.145
		1473	306.943
		1573	226.401
		1673	136.856
4	$\ln D=-12896.007\times 1/T+9.371$	1373	431.396
		1473	342.912
		1573	252.931
		1673	152.893
6	$\ln D=-14269.522\times 1/T+10.522$	1373	478.344
		1473	380.231
		1573	280.457
		1673	169.532
8	$\ln D=-15487.186\times 1/T+11.552$	1373	519.162
		1473	412.677
		1573	304.390
		1673	183.999

由表 5-4 中的数据作 NiO-Fe_2O_3-1.0wt% MnO_2 体系晶粒生长活化能随烧结温度及烧结时间变化的关系图，如图 5-6 所示。

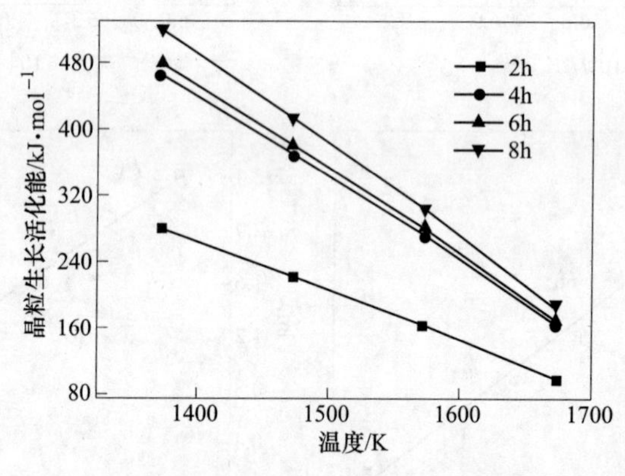

图 5-6 不同烧结时间下 NiO-Fe_2O_3-1.0wt% MnO_2 体系晶粒生长活化能随温度的变化

由图 5-6 可以看出，在相同烧结时间条件下，随着烧结温度的上升，晶粒生长活化能呈整体下降趋势。在 1373K、1473K、1573K 和 1673K 温度下烧结的平均晶粒生长活化能分别为：453.762kJ/mol、360.691kJ/mol、266.045kJ/mol 和

160.819kJ/mol，其中1373K时的平均晶粒生长活化能与$NiO-Fe_2O_3$体系的活化能相近，此时由于温度较低，材料结构疏松，MnO_2作用不明显。1473K时的平均晶粒生长活化能与$NiO-Fe_2O_3$体系的活化能相比较大。而1573K和1673K时的平均晶粒生长活化能要低于$NiO-Fe_2O_3$体系的活化能。这说明1200℃时，添加1.0wt% MnO_2后体系的晶粒生长速率较低，添加的MnO_2表现出了细化晶粒的作用，而在1300~1400℃内，晶粒生长速度较快，MnO_2细化晶粒的作用不再明显。同时还可以看出，在某一温度下，晶粒生长活化能随烧结时间的延长而增大，这与$NiO-Fe_2O_3$体系表现一致。

5.3 $NiO-Fe_2O_3-V_2O_5$ 体系的等温烧结过程

图5-7列出了各烧结温度和保温时间条件下，$NiO-Fe_2O_3$-0.5wt% V_2O_5体系样品的平均晶粒尺寸。对相同温度下的数据进行线性拟合，得到了四条直线，根据各直线的斜率，求出了不同烧结温度下$NiO-Fe_2O_3$-0.5wt% V_2O_5体系烧结样品的晶粒生长动力学指数，结果见表5-5。

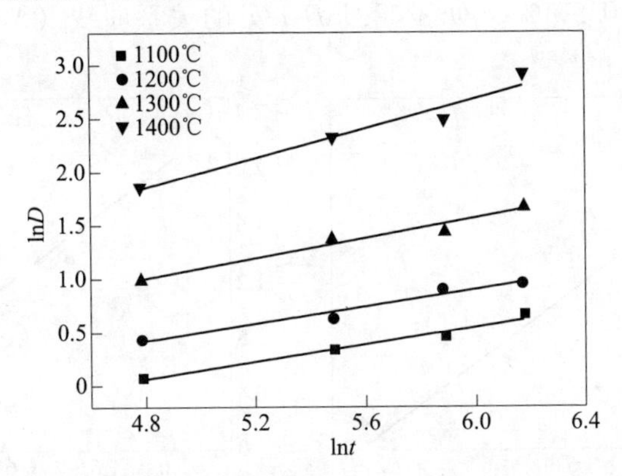

图5-7 不同温度条件下$NiO-Fe_2O_3$-0.5wt% V_2O_5体系的$\ln D$与$\ln t$的关系

由图5-7可以看出，不同温度条件下$\ln D$-$\ln t$呈直线关系，其斜率为$1/n$，通过斜率的倒数值可以确定晶粒生长动力学指数n，从而得到不同烧结温度下$NiO-Fe_2O_3$-0.5wt% V_2O_5体系烧结样品的晶粒生长动力学指数，见表5-5。

表5-5 不同烧结温度下$NiO-Fe_2O_3$-0.5wt% V_2O_5体系的烧结样品的晶粒生长动力学指数

温度/K	拟合直线	动力学指数
1373	$\ln D=0.401\ln t-1.864$	2.493
1473	$\ln D=0.397\ln t-1.485$	2.519
1573	$\ln D=0.468\ln t-1.244$	2.137
1673	$\ln D=0.690\ln t-1.461$	1.449

由表5-5中的数据可知，温度为1100℃时，添加0.5wt% V_2O_5 后晶粒生长指数为2.493，随着温度的升高，晶粒生长指数逐渐减小，添加0.5wt% V_2O_5 后，当温度升高到1400℃时，体系晶粒生长指数减小到1.449，整个温度段内的平均晶粒生长动力学指数为2.150，与NiO-Fe_2O_3 体系相比较可以发现，添加0.5wt% V_2O_5 后体系在1100～1400℃温度范围内的晶粒生长指数减小，这说明添加0.5wt% V_2O_5 后促进了NiO-Fe_2O_3 体系的晶粒生长。主要是因为 V_2O_5 和基体中的NiO和 Fe_2O_3 反应生成了低熔点物质 Ni_2FeVO_6，在烧结过程中使得颗粒的间隙通道内形成液相[12]，从而导致毛细孔压力。细颗粒具有较大的毛细管压力，并有较大的表面能，因而有比粗颗粒更大的致密化推动能，随温度的上升，液相量增多，体系的致密化主要通过液相传质，由于细小的粉末颗粒在液相中溶解度要比粗颗粒的溶解度大，因此在细小颗粒溶解的同时，会在粗颗粒表面上析出长成更大颗粒，从而使V富集区周围的晶粒生长速度大于远离富V区的晶粒生长速度。不过，这有可能引起晶粒异常生长而不利于材料致密化，甚至导致材料变形而降低基体性能。

作NiO-Fe_2O_3-0.5wt% V_2O_5 体系 $\ln D$-$1/T$ 的关系曲线（Arrhenius曲线），得到图5-8。

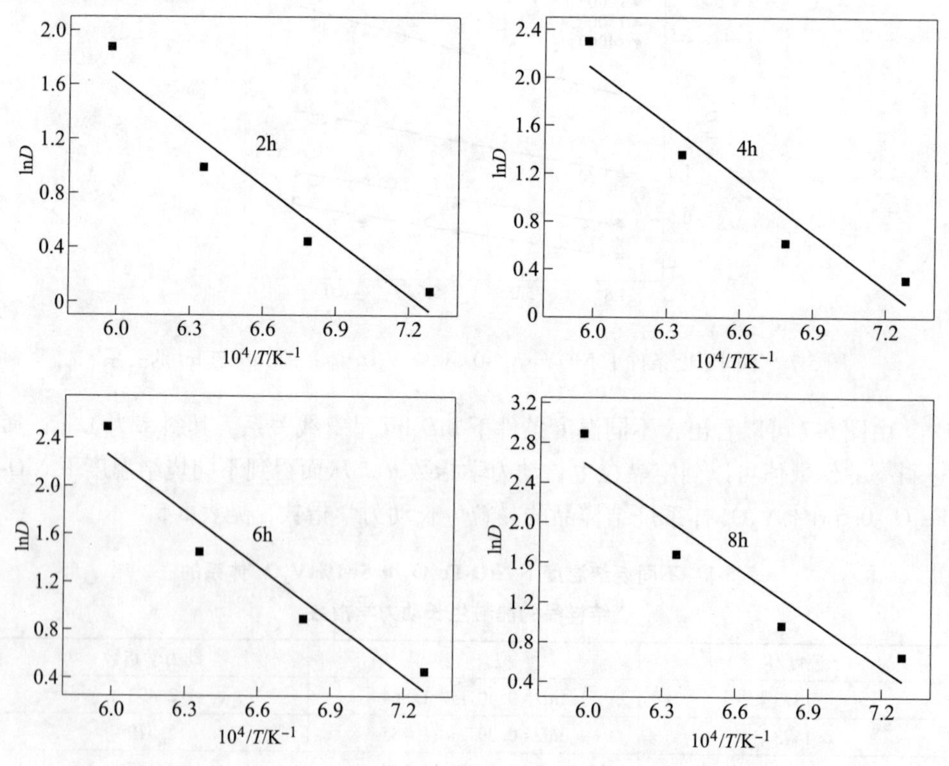

图5-8　不同温度下NiO-Fe_2O_3-0.5wt% V_2O_5 体系晶粒生长的活化能

根据 $\ln D$-$1/T$ 的线性关系，进行线性回归后 $\ln D$-$1/T$ 的斜率为 $-Q/nR$，可以求出不同温度下晶粒生长的活化能，见表 5-6。

由表 5-6 中的数据作 $NiO-Fe_2O_3$-0.5wt% V_2O_5 体系晶粒生长活化能随烧结温度及烧结时间变化的关系图，如图 5-9 所示。由图 5-9 可以看出，在相同的烧结时间条件下，随烧结温度上升，晶粒生长活化能呈整体下降趋势。在 1373K、1473K、1573K 和 1673K 温度下烧结的平均晶粒生长活化能分别为 313.200kJ/mol、316.466kJ/mol、268.475kJ/mol 和 182.040kJ/mol。添加 0.5wt% V_2O_5 后体系在整个温度范围内的平均晶粒生长活化能均比 $NiO-Fe_2O_3$ 体系的低，主要是添加 0.5wt%V_2O_5 后基体材料中生成了低熔点物质 Ni_2FeVO_6，从而促成了液相烧结，加速了基体的晶粒生长。图 5-9 还表明，在某一温度下，晶粒生长活化能随烧结时间的延长而增大，这与 $NiO-Fe_2O_3$ 和 $NiO-Fe_2O_3$-1.0wt% MnO_2 体系表现一致。

表 5-6 不同烧结条件下 $NiO-Fe_2O_3$-0.5wt% V_2O_5 体系烧结样品的晶粒生长活化能

时间/h	拟合直线	温度/K	活化能/kJ·mol^{-1}
2	$\ln D=-13470.3381/T+9.74053$	1373	279.197
		1473	282.109
		1573	239.328
		1673	162.277
4	$\ln D=-15152.437\times1/T+11.152$	1373	314.062
		1473	317.337
		1573	269.214
		1673	182.541
6	$\ln D=-15075.196\times1/T+11.277$	1373	312.461
		1473	315.719
		1573	267.841
		1673	181.611
8	$\ln D=-16745.441\times1/T+12.606$	1373	347.079
		1473	350.699
		1573	297.517
		1673	201.732

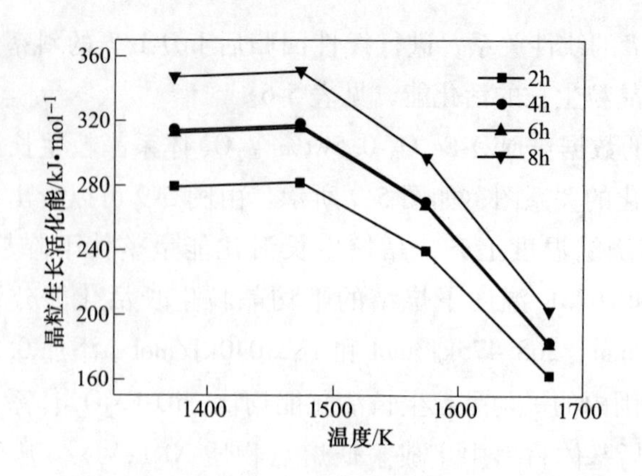

图 5-9　不同烧结时间下的 $NiO-Fe_2O_3$-0.5wt% V_2O_5 体系晶粒生长活化能随温度的变化

5.4　$NiO-Fe_2O_3-TiO_2$ 体系的等温烧结过程

图 5-10 列出了各烧结温度和保温时间条件下，$NiO-Fe_2O_3$-1.0wt% TiO_2 体系样品的平均晶粒尺寸。对相同温度下的数据进行线性拟合，得到了四条直线，根据各直线的斜率，求出了不同烧结温度下 $NiO-Fe_2O_3$-1.0wt% TiO_2 体系烧结样品的晶粒生长动力学指数，结果见表 5-7。

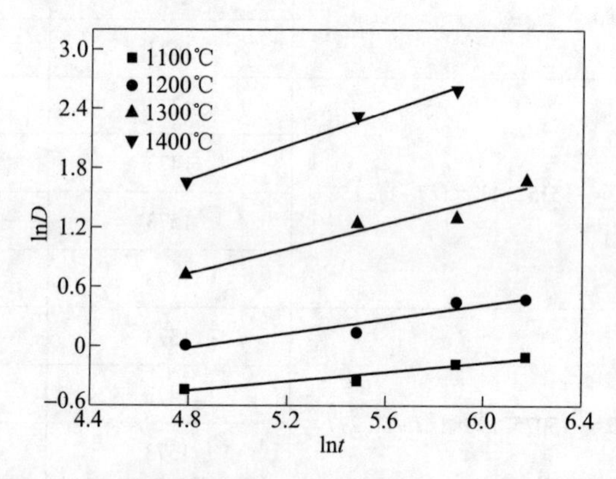

图 5-10　不同温度条件下 $NiO-Fe_2O_3$-1.0wt% TiO_2 体系的 $\ln D$ 与 $\ln t$ 的关系

由表 5-7 中的数据可知，温度为 1100℃时，添加 1.0wt% TiO_2 后晶粒生长指数为 4.255，随着温度的升高，晶粒生长指数逐渐减小，对于 $NiO-Fe_2O_3$-1.0wt% TiO_2 体系，当温度升高到 1400℃时，晶粒生长指数减小到 1.156，整个温度段内的平均晶粒生长动力学指数为 2.438。

表 5-7 不同烧结温度下 $NiO-Fe_2O_3$-1.0wt TiO_2 体系的烧结样品的晶粒生长动力学指数

温度/K	拟合直线	动力学指数
1373	$\ln D=0.235\ln t-1.578$	4.255
1473	$\ln D=0.362\ln t-1.757$	2.762
1573	$\ln D=0.633\ln t-2.307$	1.580
1673	$\ln D=0.865\ln t-2.470$	1.156

温度为1100℃和1200℃时，$NiO-Fe_2O_3$-1.0wt% TiO_2 体系烧结样品的晶粒生长指数（4.255和2.762）比同温度下无添加剂样品的晶粒生长指数大（3.717和2.639）；温度不小于1300℃时，添加1.0wt% TiO_2 后样品的晶粒生长指数变小。这主要因为，添加 TiO_2 后与基体内 NiO、Fe_2O_3 反应生成的新物质 $NiTiO_3$ 和 Fe_2TiO_5 分散在颗粒之间，抑制了基体材料晶粒长大，温度较低时，由于扩散系数较低，TiO_2 抑制晶粒长大的作用非常明显。1100~1200℃温度范围内，$NiO-Fe_2O_3$-1.0wt% TiO_2 体系的晶粒尺寸明显小于无添加剂样品的晶粒尺寸。随温度升高，反应形成更多的新物相分布在晶界处，抑制了晶粒快速长大，并促使气孔排除；但同时扩散系数的变大导致晶粒生长速度加快，在两者共同作用下，使得 TiO_2 对 $NiO-Fe_2O_3$ 体系表现出细化晶粒的同时也提高了基体材料的致密化程度。而在1300℃、1400℃较高温度时，生成更多的新物质 $NiTiO_3$ 和 Fe_2TiO_5 分布在晶界处，并与基体中 $NiFe_2O_4$、NiO 晶粒的晶界相遇，合并成更大的晶粒，这使得颗粒间的晶界变得比较模糊。

作 $NiO-Fe_2O_3$-1.0wt% TiO_2 体系 $\ln D$-$1/T$ 的关系曲线（Arrhenius 曲线），得到图5-11。

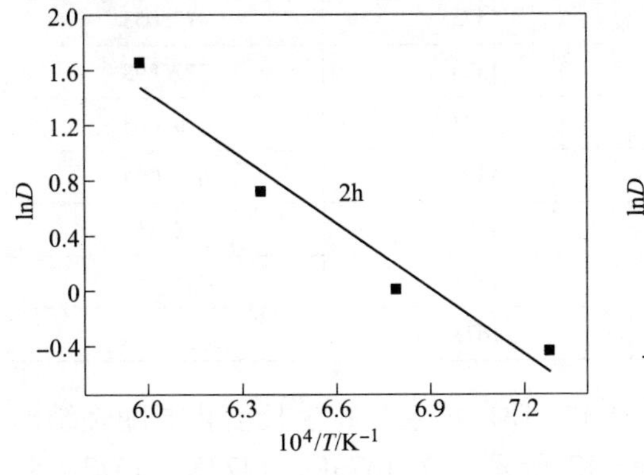

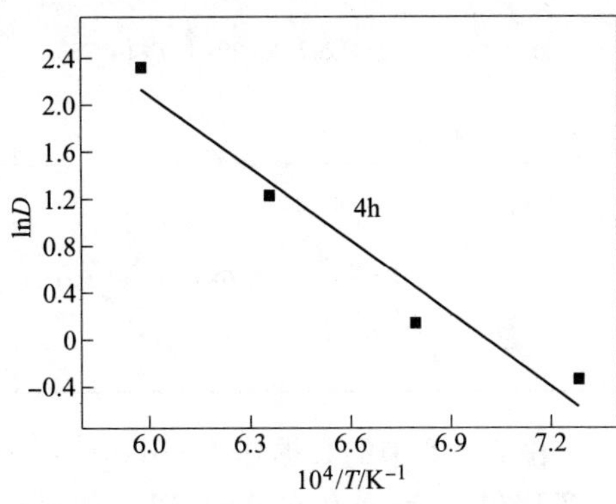

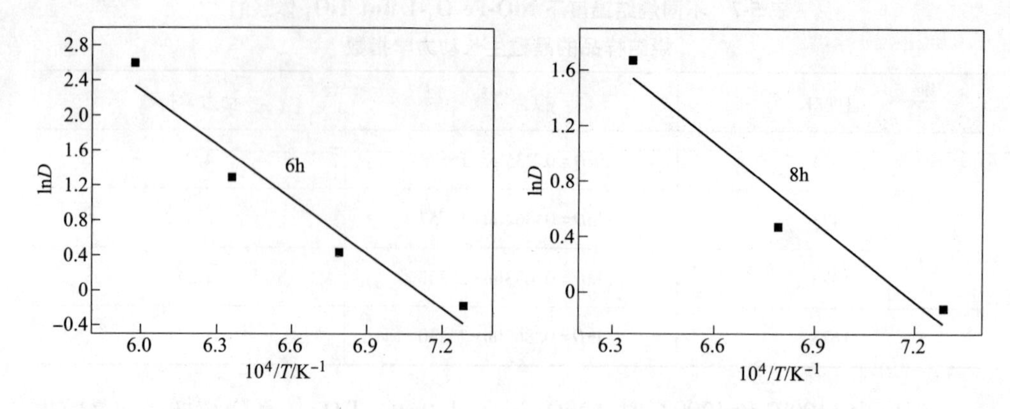

图 5-11　不同温度条件下 $NiO-Fe_2O_3$-1.0wt% TiO_2 体系晶粒生长的活化能

根据 $\ln D$-$1/T$ 的线性关系，进行线性回归后 $\ln D$-$1/T$ 的斜率为 $-Q/nR$，可以求出不同温度下晶粒生长的活化能，见表 5-8。

表 5-8　不同烧结条件下 $NiO-Fe_2O_3$-1.0wt% TiO_2 体系烧结样品的晶粒生长活化能

时间/h	拟合直线	温度/K	活化能/kJ · mol^{-1}
2	$\ln D=-15804.093\times 1/T+10.921$	1373	559.087
		1473	362.914
		1573	207.605
		1673	151.893
4	$\ln D=-20666.247\times 1/T+14.483$	1373	731.091
		1473	474.565
		1573	271.474
		1673	198.623
6	$\ln D=-20774.629\times 1/T+14.753$	1373	734.925
		1473	477.053
		1573	272.898
		1673	199.665
8	$\ln D=-19111.616\times 1/T+13.691$	1373	676.094
		1473	438.866
		1573	251.053
		1673	

由表 5-8 中的数据作 $NiO-Fe_2O_3$-1.0wt% TiO_2 体系晶粒生长活化能随烧结温度及烧结时间变化的关系图，如图 5-12 所示。在 1373K、1473K、1573K 和

1673K 温度下烧结的平均晶粒生长活化能分别为 675.299kJ/mol、438.349kJ/mol、250.758kJ/mol 和 183.466kJ/mol。该体系在 1373K 和 1473K 时平均晶粒生长活化能比无添加剂样品的大，主要是在该温度段内 TiO_2 与基体内 NiO、Fe_2O_3 反应生成的新物质 $NiTiO_3$ 和 Fe_2TiO_5 分布在颗粒间抑制了晶粒的生长，从而导致晶粒生长活化能升高。而该体系在 1573K 和 1673K 温度下的平均晶粒生长活化能明显比无添加剂样品的小，尽管生成的新物质 $NiTiO_3$ 和 Fe_2TiO_5 分布在颗粒之间抑制了晶粒的生长，但是此温度段内的扩散系数增大，在两者的共同作用下，体系表现出晶粒生长速度较快的同时还抑制了晶粒过度生长，这对促进基体材料结构的致密化程度是有利的。图 5-12 还表明，在某一温度下，晶粒生长活化能随烧结时间的延长而增大，这与 $NiO-Fe_2O_3$ 体系，$NiO-Fe_2O_3$-1.0wt% MnO_2 体系和 $NiO-Fe_2O_3$-0.5wt% V_2O_5 体系表现一致。

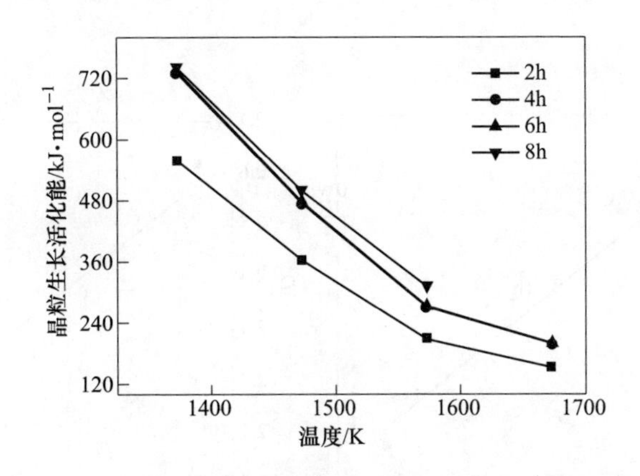

图 5-12 不同烧结时间下的 $NiO-Fe_2O_3$-1.0wt% TiO_2 体系晶粒生长活化能随温度的变化

5.5 $NiO-Fe_2O_3-TiN$ 体系的等温烧结过程

以 Fe_2O_3-NiO-1.0wt% TiN 体系为例，在 1200℃、1300℃和 1400℃温度下分别烧结 1h、2h 和 4h 等温烧结过程。图 5-13 是不同温度条件下 Fe_2O_3-NiO-1.0wt%TiN 体系的 $\ln D$ 与 $\ln t$ 的关系。

由表 5-9 中数据可知，温度为 1200℃时，晶粒生长指数为 3.891，当温度升高到 1400℃时，动力学指数减小到 2.564，整个温度段内的平均晶粒生长动力学指数为 3.088。活化能是活化分子的平均能量与反应物分子平均能量的差值。作 $\ln D$-$1/T$ 的关系曲线（Arrhenius 曲线），得到图 5-14。根据 $\ln D$-$1/T$ 的线性关系，进行线性回归后 $\ln D$-$1/T$ 的斜率为 $-Q/nR$，可以求出不同温度下晶粒生长的活化能。

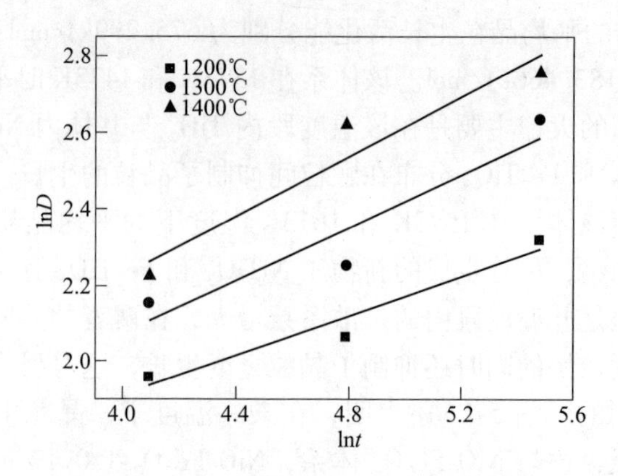

图 5-13 不同温度条件下 $NiO-Fe_2O_3$-1. 0wt% TiN 体系 lnD 与 lnt 的关系

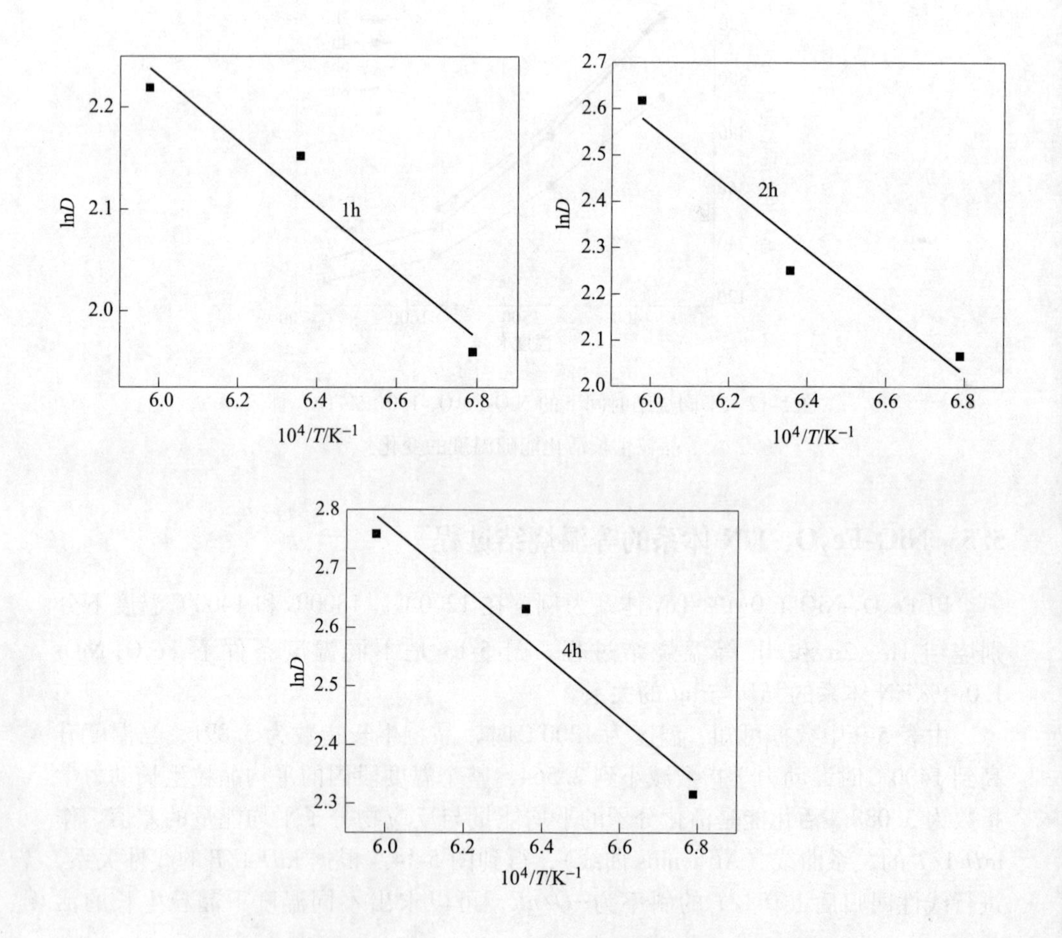

图 5-14 不同温度下 $NiO-Fe_2O_3$-1. 0wt% TiN 体系晶粒生长的活化能

表 5-9 不同温度下 Fe_2O_3-NiO-1.0wt% TiN 体系烧结样品的晶粒生长动力学指数

温度/K	拟合直线	动力学指数
1473	$\ln D = 0.257\ln t + 0.884$	3.891
1573	$\ln D = 0.346\ln t + 0.687$	2.890
1673	$\ln D = 0.390\ln t + 0.665$	2.564

根据 ln$D$ 和 $1/T$ 应该呈直线关系，其斜率为 $-Q/R$，计算可知在 1473K、1573K 和 1673K 温度下分别烧结 1h、2h、4h 时的平均晶粒生长活化能分别为 183.4131kJ/mol、174.219kJ/mol 和 142.675kJ/mol。这主要是因为 NiO-Fe_2O_3-1.0wt% TiN 体系在较低温度下具有较高的过剩表面能，烧结活性较大，随着温度的升高，反应持续进行，使得系统将自发地向较低能量状态过渡，表现为 NiO-Fe_2O_3-1.0wt% TiN 体系晶粒生长活化能的减小。该体系的晶粒生长活化能变化趋势整体上与 NiO-Fe_2O_3 体系变化一致。

5.6 本章小结

（1）等温烧结过程中，NiO-Fe_2O_3、NiO-Fe_2O_3-1.0wt% MnO_2、NiO-Fe_2O_3-0.5wt% V_2O_5、NiO-Fe_2O_3-1.0wt% TiO_2 和 NiO-Fe_2O_3-1.0wt% TiN 烧结体系的晶粒生长指数均随温度的升高而减小，晶粒生长速度加快。上述五种烧结体系在等温烧结过程中，晶粒生长主要是依赖晶界扩散和体积扩散生长机制。

（2）NiO-Fe_2O_3、NiO-Fe_2O_3-1.0wt% MnO_2、NiO-Fe_2O_3-0.5wt% V_2O_5、NiO-Fe_2O_3-1.0wt% TiO_2 和 NiO-Fe_2O_3-1.0wt% TiN 五种烧结体系随烧结温度上升，晶粒生长活化能呈整体下降趋势。

参 考 文 献

[1] Claudio L, Castro D, Mitehell B. S. Crystal growth kinetics of nanocrystalline aluminum prepared by mechanical attrition in nylon media [J]. Materials Science and Engineering A, 2005, 396 (1-2): 124-128.

[2] Hunderi O, Ryum N. Computer simulation of grain growth [J]. Acta Metallurgiea, 1979, 27 (2): 161-165.

[3] Von Neumann J. Grain Shapes and Other Metallurgical Applications of Topology, Metal Interfaces [M]. Ohio: American Society for Metals, 1952: 108-110.

[4] Brook R J. Ceramic fabrication processes [M]. New York: Academic Press, 1976: 331-364.

[5] Theunissen G S A M, Winnubst A J A, Burggraaf A J. Effect of dopants on the sintering behaviour and stability of tetragonal zirconia ceramics [J]. Journal of the European Ceramic Society, 1992, 9 (8): 251-263.

[6] Nieh T G, Wadsworth J. Dynamic grain growth during superplastic deformation of yttria-stabilized tetragonal zirconia polycrystals [J]. Journal of the American Ceramic Society, 1989, 72: 1469-1472.

[7] Nigitingale S A, Dunne D P, Worner H K. Sintering and grain growth of 3mol% yttria zirconia in a microwave field [J]. Journal of Materials Science, 1996, 31: 5039-5043.

[8] 李宝让，张乃强，刘东雨，等．熔盐法合成 Bi_3NbTiO_9 的晶粒生长动力学研究 [J]. 人工晶体学报，2011，40（4）：983-989.

[9] 高瑞平，李晓光，施剑林，等．先进陶瓷物理与化学原理技术 [M]. 北京：科学出版社，2001.

[10] 刘春静，王新，魏雨，等．软磁锰锌铁氧体的晶粒生长动力学实验分析 [J]. 稀有金属材料与工程，2009，38（1）：515-519.

[11] 张联盟，黄学辉，宋晓岚．材料科学基础 [M]. 武汉：武汉理工大学出版社，2008.

[12] Mirzaee O, Golozar M A, Shafyei A. Influence of V_2O_5 as an effective dopant on the microstructure development and magnetic properties of $Ni_{0.64}Zn_{0.36}Fe_2O_4$ soft ferrites [J]. Materials Characterization, 2008, 59: 638-641.

6 $NiFe_2O_4$材料热震裂纹分形研究及热应力模拟

$NiFe_2O_4$ 陶瓷基惰性阳极抗热震性的检测手段比较常规，一般是热震实验后，通过测量阳极试样的剩余抗折强度来进行表征[1]，该方法很难对阳极材料的微观变化进行表述。由于抗热震性是材料微观结构和物相组成的宏观表现，因此对$NiFe_2O_4$基阳极微观结构进行表征，并建立微结构与宏观性能的联系，应是评价材料热冲击性能的重要手段。

描述材料微观结构的常见方法主要有通用单胞模型、Voronoi 单胞有限元模型、多尺度模拟、概率方法以及分形方法等[2~5]。与前几种方法相比，分形对于描述不规则、不均匀且材料微观结构在某一尺度下呈现自相似的情况尤为适用[6]。分形几何具有直观、尺度独立和多尺度测量等优点，在处理和分析各种非线性复杂现象中得到了广泛应用，且分形维数的测量不依赖于测量仪器的分辨率和取样尺度。分形方法对具有自相似性的裂纹尖端形貌、裂纹扩展路径、断口形貌、晶粒接触表面以及孔隙率等脆性陶瓷微观形貌的研究提供了新思路。本章节即采用分形方法对 $NiFe_2O_4$ 材料热震后的裂纹进行了分析。

$NiFe_2O_4$ 基惰性阳极材料产生微结构缺陷除了与热冲击作用有关，还与材料所受的热应力有关。热应力过大和分布不合理往往会引起阳极材料服役过程中的整体性能下降甚至失效，严重影响其使用寿命。由于材料的热应力与温度分布的不均匀性和材料结构的复杂性相关，所以针对 $NiFe_2O_4$基惰性阳极结构热应力的研究工作，利用常规研究手段很难开展。但是，随着计算机的高速发展，有限元自身的完善及相应软件的开发，使得对 $NiFe_2O_4$陶瓷基惰性阳极热应力准确、深入的研究变得可行。目前，最常用的有限元分析软件有 ANSYS、ADINA、ABAQUS、MSC 等[7,8]，其中 ABAQUS 具有几乎所有的线性和非线性分析功能，它强大的接触能力、较高的可靠性以及对特别大型模型的高计算效率，使它可以非常有效地应用于包含不连续非线性响应的准静态分析[9]。本章采用 ABAQUS 软件中的扩展有限元（XFEM）模拟分析了 $NiFe_2O_4$ 基阳极材料结构的热应力分布特征。

6.1 热冲击分形

热冲击所用 $NiFe_2O_4$ 材料试样是由 $NiFe_2O_4$ 陶瓷基体分别掺杂 0.5wt%、1.0wt%、2.0wt%的 Nano-TiN 后在 80MPa 压力下单轴压成，然后进一步在马弗炉中在 1200℃下烧结保温 2h 制备而成。热冲击试样是尺寸为 ϕ18mm×10mm 的圆柱体，将试样的上下两个圆面依次用 240 目、600 目、800 目、1200 目、1500 目和 2000 目砂纸进行打磨、抛光。然后使用 ϕ0.5mm 镍铬丝将试样紧紧地绑在两个大小一样，且一面被打磨、抛光的试样中间，如图 6-1 所示。

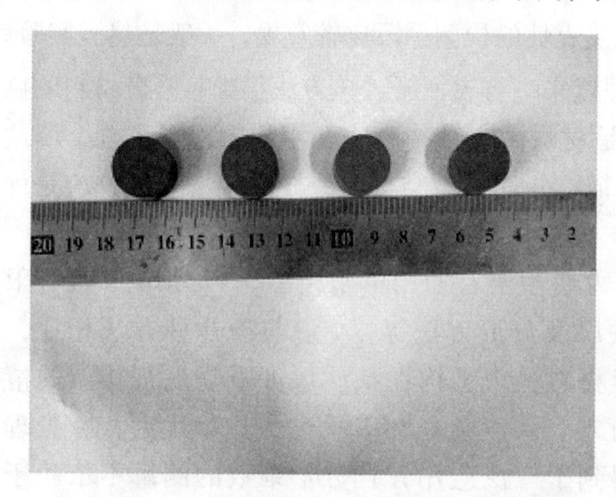

图 6-1　1wt% Nano-TiN/$NiFe_2O_4$ 陶瓷样品

以氩气条件下在马弗炉中 1200℃下烧结保温 2h 制备而成的 1wt% Nano-TiN/$NiFe_2O_4$ 陶瓷样品为例，进行热冲击水淬实验。首先，将绑好的试样放在马弗炉中的陶瓷方舟中，将温度升到 600℃、700℃、800℃、900℃，保温 20min。然后，迅速取出试样放入 17℃水中，静置 3min。

水淬热冲击之前的试样温度高，接触到温度相对低（约 17℃）的水淬介质后，试样表面与内部产生温差，从而产生热应力。试样表面由于冷却收缩产生拉应力，而内部为压应力。试样表面具有最大拉应力，所以裂纹最先在表面成核，并由表面沿温度梯度方向向着试样中心扩展。将其热冲后试样表面裂纹斑图进行了预处理，结果见图 6-2。

对于水淬后试样的表面裂纹形貌，可以用盒计维数法计算分形维数。因为需要基于裂纹图像进行维数计算，需要对原始图像进行预处理来获得图像中裂纹信息，过程如图 6-3 所示。

首先，读取原始图像，对其进行锐化和高斯滤波，在不丢失数据信息量的情况下尽量去除试样表面因染色不均或者杂质等造成的干扰因素。然后，将图像转为灰度图，颜色范围为［0，255］。最后，根据灰度的直方图，给定合理的阈值

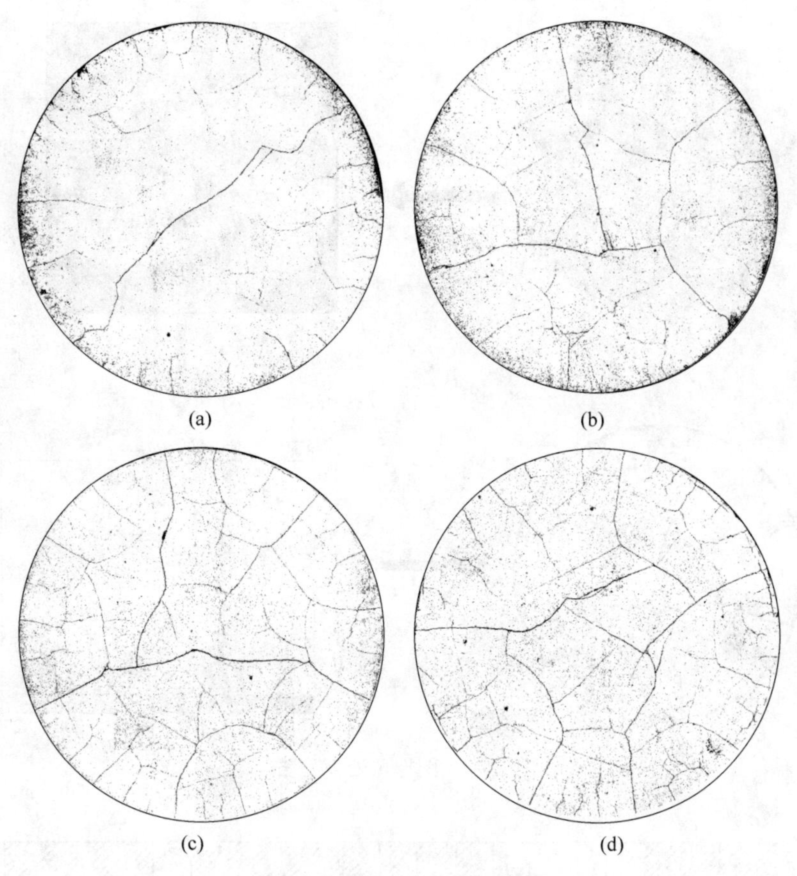

图 6-2　裂纹斑图预处理图像

（a）600℃；（b）700℃；（c）800℃；（d）900℃

对灰度图像进行分割。分割后图像的灰度只有 0 和 1 两个值，0 表示黑色，即裂纹；其余为 1，表示白色，即应用二值化方法将灰度图转为黑白两色。

基于对裂纹形貌在一定尺度范围内近似自相似的假设，应用盒计维数法对裂纹预处理图像进行分形维数计算，方法如图 6-4 所示。即对于在平面 R_2 上的物体，将考虑的区域用边长为 δ 的小正方形离散化。然后，数出与考虑图像有交集且长度为 δ 的小正方形数量 $N(\delta)$。如果物体具有分形性质，那么对 δ 从大到小取不同值，重复以上这个过程，可以得到如下关系式：

$$N(\delta) \propto \delta^{-D} \tag{6-1}$$

通过 $\ln[N(\delta)]$ 比 $\ln(\delta)$ 的线性拟合斜率来估计分形维数 D。

取 $d = 2^k$，$k = 0$，1，2，3，4，5，这里 δ 的单位是像素，即表示用多少个像素组成的“盒子”来覆盖一个点。用图像长度除以 δ 得到相对长度 M，图像宽度除以 δ 得到相对宽度 N，则 $M \times N$ 是将图像划分成盒子的总数。因为表示裂纹像

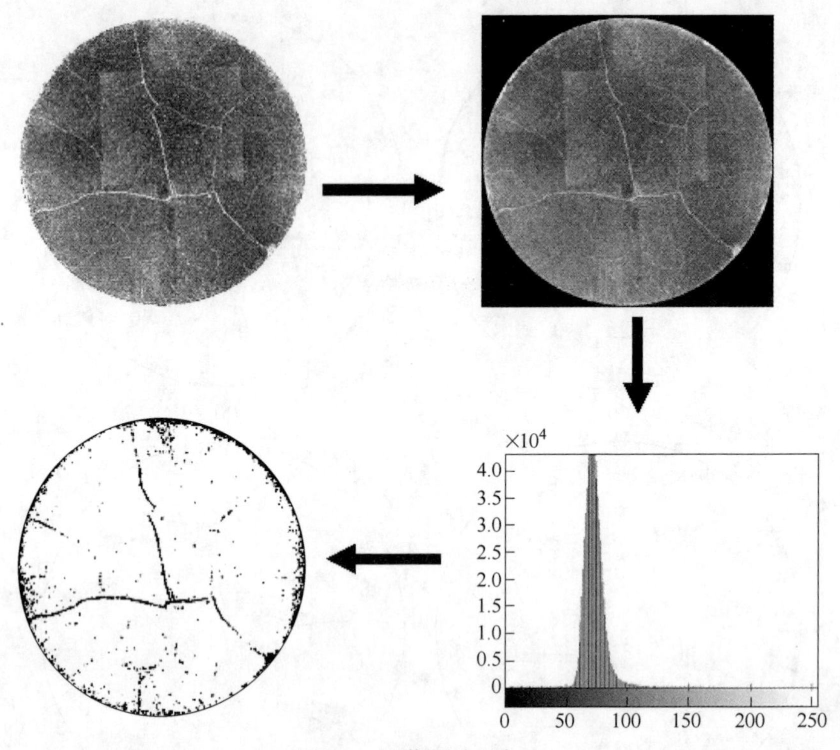

图 6-3　图像预处理方法

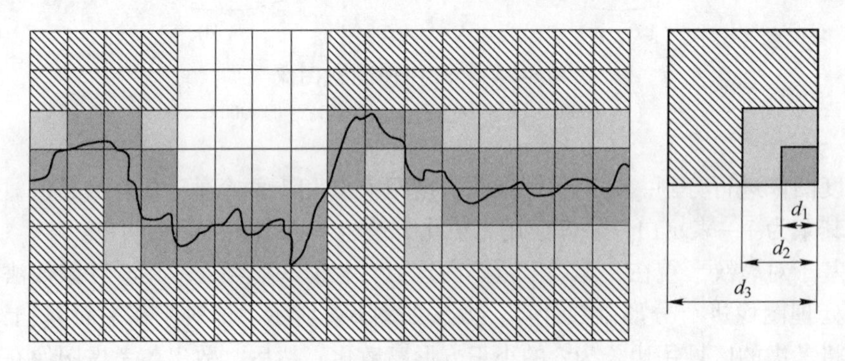

图 6-4　盒计维数计算方法

素点的灰度为 0，遍历这些盒子，数出包含 0 的盒子数，则通过如上公式即可计算裂纹分形维数。

借助热冲击裂纹斑图和维数计算方法，可以得到水淬热冲击后试样表面裂纹分形维数 D_C。在临界温度点 310℃时，裂纹的分形维数相对较低，约为 0.8712。随着水淬温度由 310℃升高到 600℃，裂纹分形维数有较大提高。维数大幅增加说明裂纹在试样表面所占比例增加，即热冲击温度为 600℃时，陶瓷中开始出现大量裂纹。随后，水淬温度持续上升到800℃，但是裂纹分形维数并没有发生太大变化，基本保持在1.4左右，说明裂纹在表面所占比例维持在一定水平。但热冲击温度升高到900℃时，维数增加到1.8左右，说明该温度下裂纹在试样表面所占比例增加（见图6-5）。

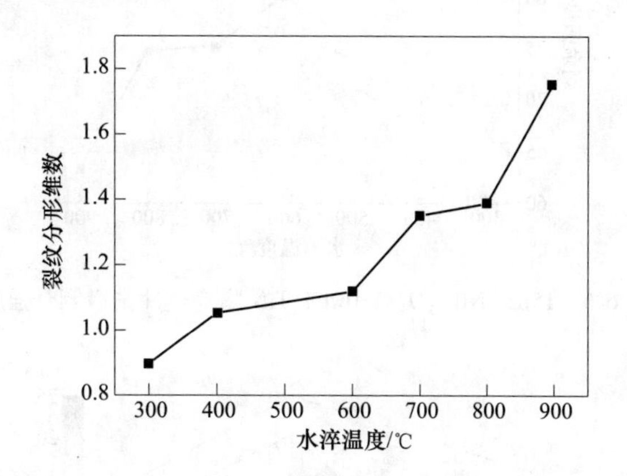

图6-5 15μm $NiFe_2O_4$/1.0wt% TiN陶瓷表面裂纹分形维数

当$NiFe_2O_4$/1.0wt% TiN陶瓷晶粒尺寸为15μm时，随着水淬温度T从310℃上升到400℃，试样的剩余弯曲强度从约92.1MPa减小为80.2MPa（见图6-6）。当温度超过400℃后，$NiFe_2O_4$/1.0wt% TiN陶瓷强度迅速衰减，材料中裂纹迅速增多，导致裂纹分形维数有了较为明显的增加。当水淬温度T从700℃上升到800℃时，试样的剩余弯曲强度变化并不明显，维持在70~75MPa，这与Hasselman经典热冲击理论相符。继续将水淬温度T从800℃升高到900℃，分形维数从约1.4增加到1.8左右，而剩余强度则从约70.2MPa减小到约63.3MPa。表面裂纹分形维数变化趋势与试样热冲击后剩余强度的变化趋势相反，裂纹分形维数增大会降低陶瓷热冲击后剩余强度。

6.2 断口形貌分形刻画及剩余强度分形模型研究

6.2.1 断口形貌分形刻画

为了准确获得断口形貌，采用激光共聚焦显微镜来测量样品的断口三维表面信息。断口试样通过三点弯曲力学实验制得。为了获得更清晰的图像，首先需要将新鲜断口表面吹净后，放入激光共聚焦显微镜载物台来获得晶粒尺寸为15μm的材料断口表面三维形貌。其中，视场范围为256μm×256μm（长×宽），即断口形貌的投影面积为256μm×256μm。图6-7~图6-9分别是空气、氮气与氩气气氛下烧制$NiFe_2O_4$/1.0wt% TiN陶瓷断口的三维形貌图。

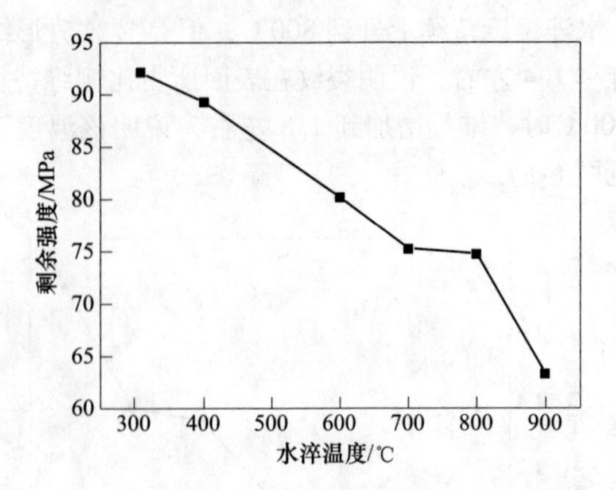

图 6-6　15μm $NiFe_2O_4$/1.0wt% TiN 陶瓷热冲击后剩余强度

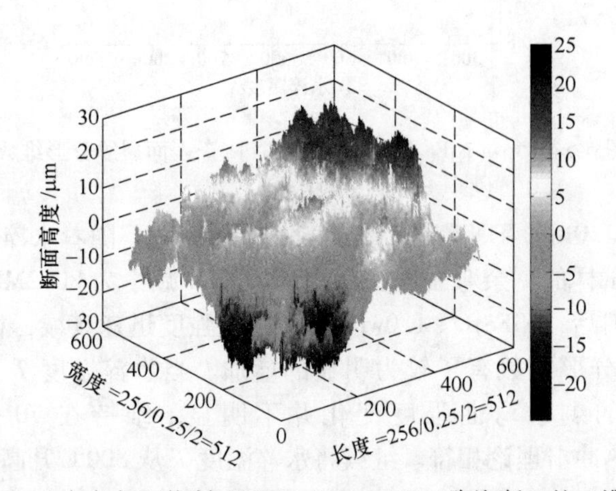

图 6-7　空气气氛下烧制 $NiFe_2O_4$/1.0wt% TiN 陶瓷断口的三维形貌

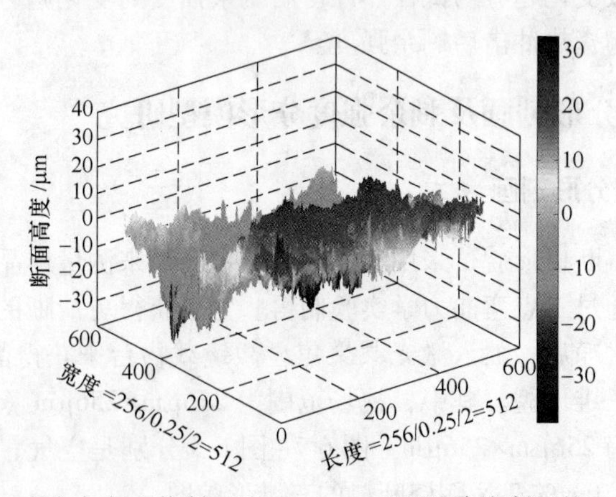

图 6-8　氮气气氛下烧制 $NiFe_2O_4$/1.0wt% TiN 陶瓷断口的三维形貌

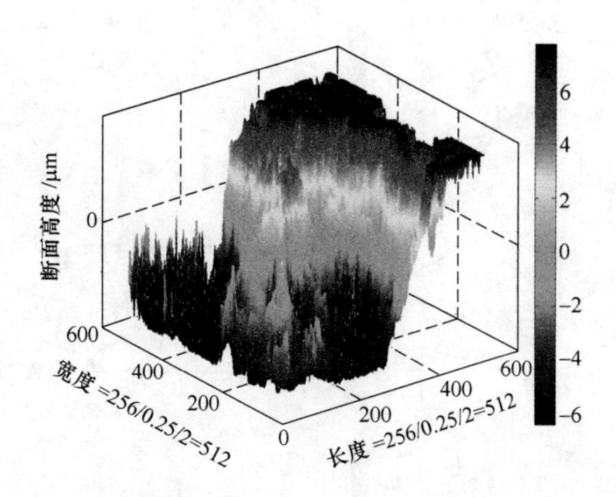

图 6-9 氩气气氛下烧制 $NiFe_2O_4$/1.0wt% TiN 陶瓷断口的三维形貌

从图 6-7~图 6-9 可以看出空气气氛下所制样品的表面更加凹凸不平，在相同视场下具有更多的细节。而在氮气和氩气气氛下所制样品的晶粒尺寸较大，陶瓷断口较为平整，有明显穿晶断裂的痕迹，尤其氩气气氛下所制样品的该特征更明显。

由如上断口形貌可以看到，断口表面呈现出自相似性特征，由盒计维数法，断口分形维数 D_S 满足以下关系：

$$S(\delta)/S_0 \sim \delta^{2-D_S} \tag{6-2}$$

式中，$S(\delta)$ 和 S_0 分别为断裂表面的真实面积和横截面面积；δ 为分形码尺。对于连续可积函数 $Z = f(X;\ Y)$ 的图像，$(X;\ Y) \in D \subset R^2$，$D$ 是 XY-平面内具有光滑边界的区域，其表面积可用如下的公式进行计算：

$$S = \iint_D \sqrt{\left(\frac{\partial f}{\partial X}\right)^2 + \left(\frac{\partial f}{\partial Y}\right)^2 + 1}\, \mathrm{d}X\mathrm{d}Y \tag{6-3}$$

通过改变 δ，根据式（6-3）可以计算出不同分辨率水平 δ 下断口的表面积 $S(\delta)$。其中，Z 轴表示断口的相对高度（μm），XY 轴为视场长度对应的像素点被划分成的格子数。X 轴和 Y 轴数据，会随着码尺 δ 的减小而变大，即像素点密度增加，但并没有改变图像所表示的物理长度。码尺 δ 减小，对材料断口表面积的描述就越精细。氩气气氛下所制样品为例，图 6-10 是氩气气氛下所制样品在不同分辨率水平 δ 下断口的表面积 $S(\delta)$。

激光共聚焦显微镜检测实验的视场范围 $S_0 = 256\times256\mu m^2$，计算得到氩气气氛下所制晶粒尺寸为 15μm 的 $NiFe_2O_4$/1.0wt% TiN 陶瓷断裂表面的分形维数 $D_S = 2.0813$，如图 6-11 所示。

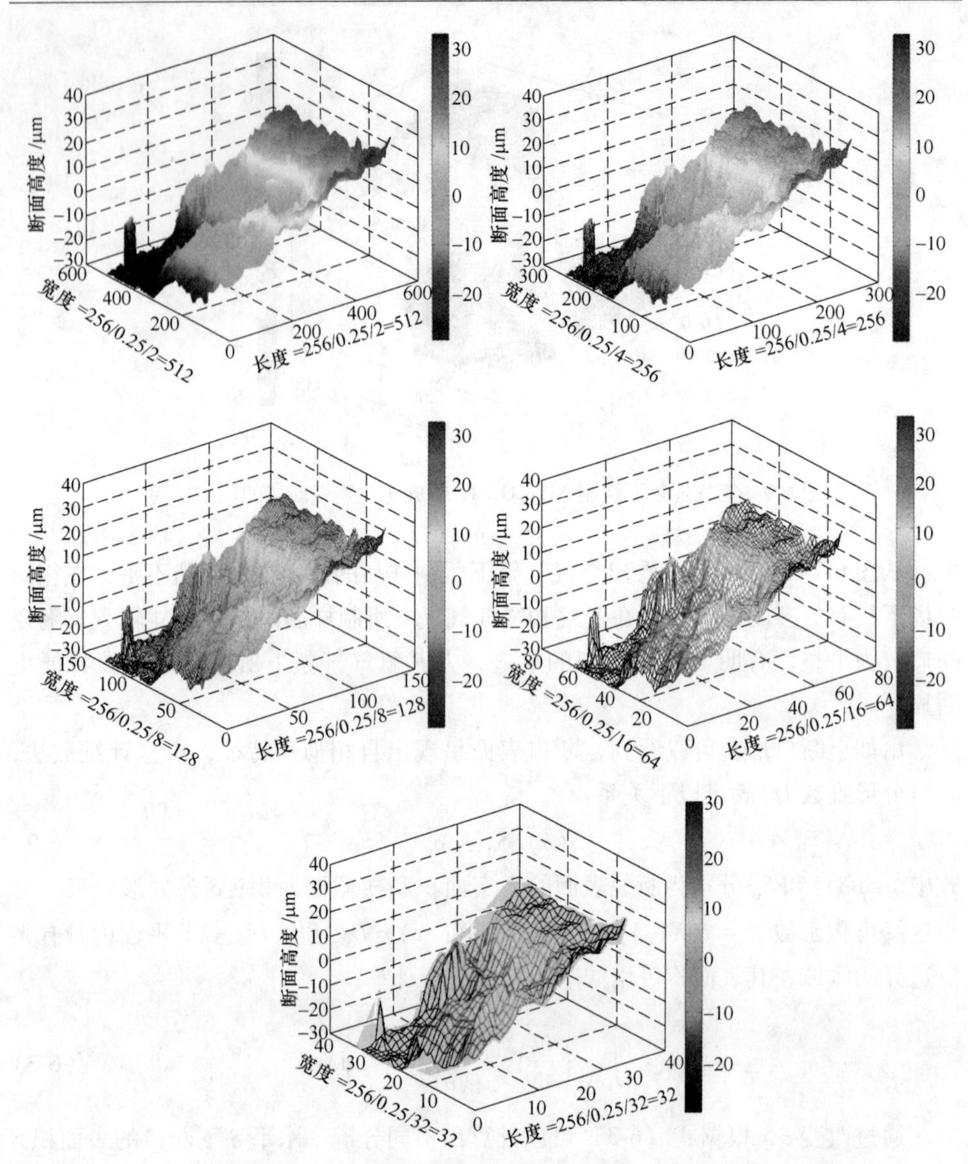

图 6-10　氩气气氛所制 $NiFe_2O_4$/1.0wt% TiN 样品不同分辨率水平 δ 下断口表面模拟

6.2.2　剩余强度分形模型

Griffith 指出，裂纹的存在与扩展是导致脆性材料断裂的主要原因，根据固体在单轴拉伸应力 σ 下产生一个裂纹所消耗的能量，建立了裂纹扩展准则。比表面能 γ 是刻画材料抗裂纹阻力最重要的参数之一。比表面能 γ 被视为材料常数。使用 γ 可以计算裂纹的表面能 Π。其中，$\Pi = 4\gamma tl$。单位体积的系统总能量 $W_t = \Pi + \Delta U$，根据 Griffith 准则可知：$d(W_t)/dl = d(\Pi + \Delta U)/dl = 0$。

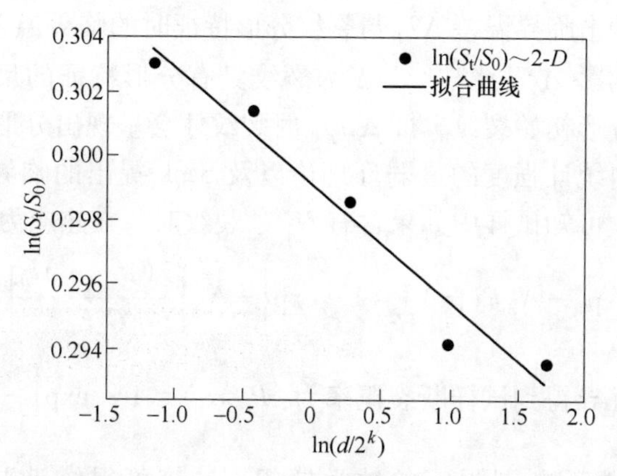

图 6-11 晶粒尺寸为 15μm 的 $NiFe_2O_4$/1.0wt% TiN 陶瓷断口分形维数

根据 Hasselman 热冲击理论模型，可知单位体积的系统总能量 W_t 由全部弹性能加上裂纹表面能组成：

$$W_t = \frac{3(\alpha \cdot \Delta T)^2 E_0}{2(1-2\nu)}\left[1 + \frac{16(1-\nu^2)Nl^3}{9(1-2\nu)}\right]^{-1} + 2\pi N l^2 G_0$$

式中，G_0 为临界裂纹扩展力，J/m²；E_0 为无裂纹基体的弹性模量，Pa；l 为裂纹半长，m。

综合 Griffith 准则和 Hasselman 热冲击理论模型可推论，裂纹不稳定性所需的极限温差 $\Delta T_c \approx [\pi G_0(1-2\nu)^2/2E_0\alpha^2(1-\nu^2)l]^{1/2}$。

在 Griffith 断裂理论中，裂纹假设为具有规则几何形状的平直裂纹，即对于材料中的某一条裂纹来说，经典理论将 l_0 作为一个裂纹微元，但实际中裂纹微元为 L_0，呈现出弯曲形状，投影关系可以理解为将分形裂纹拉直后，变为直裂纹时所具有的长度，如图 6-12 所示。根据分形裂纹投影长度 L_0 与平直裂纹长度 l_0 的关系：$L_0 = l_0^{D_I}\delta^{1-D_I}$ 和分形裂纹与平直裂纹临界裂纹扩展力 G_f 的关系：$G_f = G_0 D_I (\Delta/\delta)^{D_I-1}$，式中，$D_I$ 为相似维数。应用 Hasslman 临界温差计算公式，则可知该

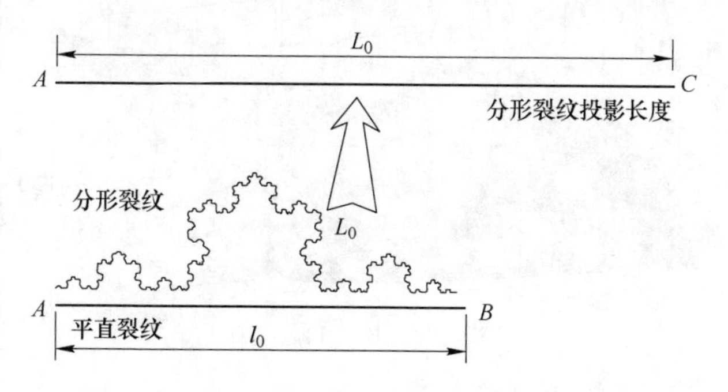

图 6-12 分形裂纹长度投影示意图

模型的经典抗热冲击临界温差 ΔT_H与裂纹分形特征时的临界温差 ΔT_F存在以下关系：$\Delta T_H/\Delta T_F = D_I^{1/2}(\Delta/l_0)^{(D_I-1)/2}$。$\Delta$ 为裂纹具有分形特征的尺度边界，且 Δ 需覆盖一个完整的分形初始裂纹，即 $\Delta \geqslant l_0$ 时裂纹才会呈现出分形特征。

根据脆性材料统计强度的最弱环理论以及 Sack 提出的临界断裂应力与临界裂纹长度的关系，可知试样中如果含有 N_A 条裂纹时，在热应力 σ_t 下的失效概率为：$P_f(\sigma_t) = 1 - \exp[-N_A F(\sigma_t)] = 1 - \exp\left\{-N_A\left[\frac{2(1-\nu^2)l_0}{G_0E_0}\right]^{D_C}\sigma_t^{2D_C}\right\}$。由裂纹长度的分形维数推导得到试样断裂概率为：$P_f(\sigma_t) = 1 - \exp\left[-N_A\left(\frac{\sigma_t}{\sigma_0}\right)^{2D_C}\right]$，另外根据陶瓷热冲击后断裂强度的数学期望，计算可得统计剩余强度为：$\overline{\sigma_t} = \sigma_0 N_A^{-\frac{1}{2D_C}}\Gamma\left(1+\frac{1}{2D_C}\right)$。式中，$\sigma_0$ 为陶瓷材料原始强度。$\Gamma(\cdot)$ 为 Gamma 函数，N_A 为热冲击后试样中所有裂纹的数量；l_0 为成核裂纹尺寸，m；D_C 为裂纹分形维数；E_0 为弹性模量，Pa；G_0 为临界裂纹扩展力，J/m^2；ν 为泊松比。

令 $\Phi(N_A, D_C)$ 为强度衰减比：$\Phi(N_A, D_C) = \frac{\overline{\sigma_t}}{\sigma_0} = N_A^{-\frac{1}{2D_C}}\Gamma\left(1+\frac{1}{2D_C}\right)$。由于 $1<D_C<2$ 且 $N_A>0$，分析可知 $0<\Phi(N_A, D_C)<1$，强度衰减比 $\Phi(N_A, D_C)$ 与热冲击后所有裂纹数量 N_A 以及裂纹分形维数 D_C 相关。一般来说，试样体积越大，所含裂纹数量越多，材料强度越低，N_A 体现了试样强度的体积效应。D_C 体现裂纹不规则几何特征。$\Phi(N_A, D_C)$ 描述了热冲击后陶瓷材料裂纹数量与裂纹长度几何特征对剩余强度的影响。

图 6-13 反映了强度衰减比 $\Phi(N_A, D_C)$ 随着裂纹数量 N_A 及分形维数 D_C 的变化规律。因为统计剩余强度是基于统计分布规律得到的结果，不适用于小样本情况，此处，令裂纹总数 N_A 的最小值为 50。

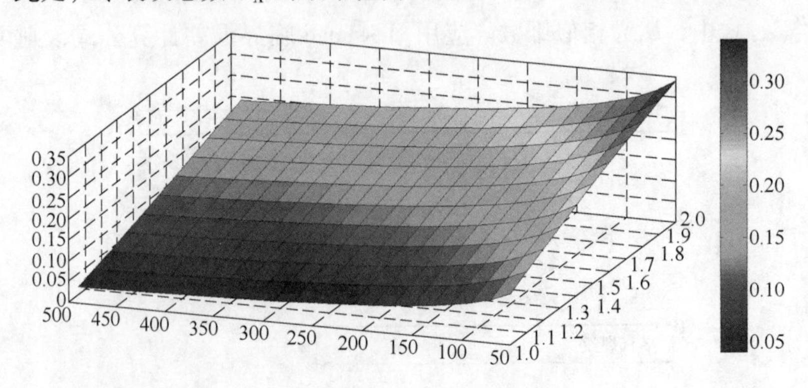

图 6-13　强度衰减比 $\Phi(N_A, D_C)$ 的变化规律

可以发现，给定 D_C 时，随着 N_A 的增加，强度衰减比呈现出递减趋势，但是递减幅度不明显，说明材料中裂纹较多时，裂纹数量对统计剩余强度的影响幅度较小。

对于给定的 N_A，随着裂纹分形维数增加，强度衰减比呈单调递增，且升幅趋势较为明显。例如，当裂纹数量为 110 条时，强度衰减比 $\Phi(N_A, D_C)$ 的变化规律如图 6-14 所示。可以发现，分形维数 D_C 从 1.03 增加到约 1.8 时，$\Phi(N_A, D_C)$ 从 8% 上升为 24%，即裂纹分形维数 D_C 越大，$\Phi(N_A, D_C)$ 越大。分形维数 D_C 表示裂纹的不规则程度，上述结果显示，在裂纹数量一定的情况下，D_C 越大，裂纹形貌越不规则，得到材料统计剩余强度越大，即相对原始强度衰减程度越小。反之，陶瓷材料受热应力情况下，出现平直裂纹会导致材料强度降低最快。

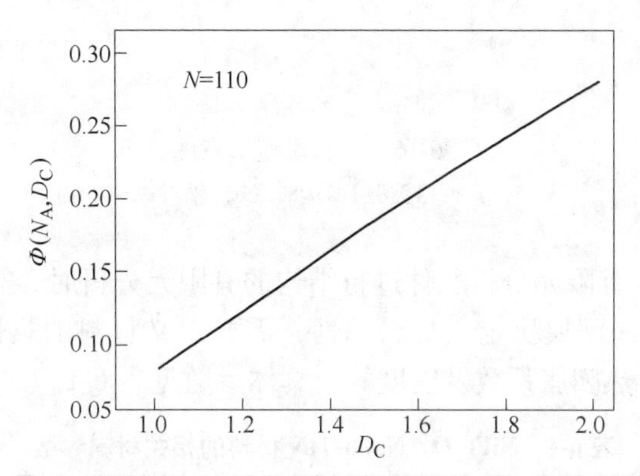

图 6-14　强度衰减比 $\Phi(N_A, D_C)$ 随 D_C 的变化规律（N_A = 110）

6.3　热应力模拟研究

利用 ABAQUS 软件中的扩展有限元（XFEM）模拟对 $NiFe_2O_4$/Nano-TiN 陶瓷阳极结构的传热行为进行了研究。在 ABAQUS 有限元分析软件环境下，阳极的工作环境如图 6-15 所示。

阳极总高度：150mm，直径：ϕ100mm；阳极插入电解质的深度：100mm；阳极底部温度：953℃，上部温度：545℃。根据所给条件，取未浸入电解质中的阳极上部（ϕ100mm×50mm）进行分析。并对分析对象进行如下假设：

（1）不考虑阳极自身气孔；

（2）材料是完全均匀的；

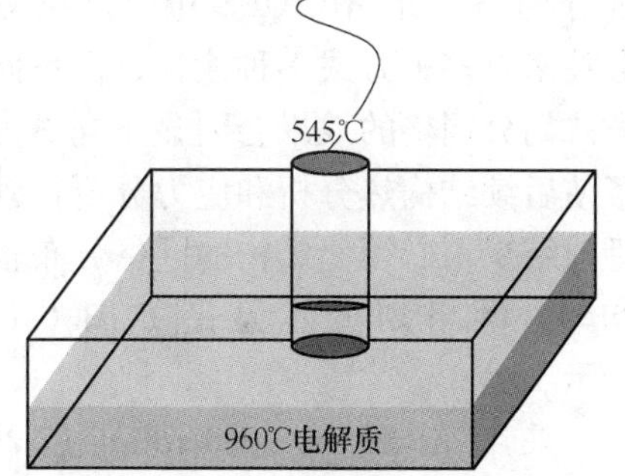

图 6-15　阳极及工作环境

（3）假设材料的物性参数不随温度变化，是常数。

在 ABAQUS 有限元分析软件环境下，建立有限元分析的实体模型如图 6-16 所示。

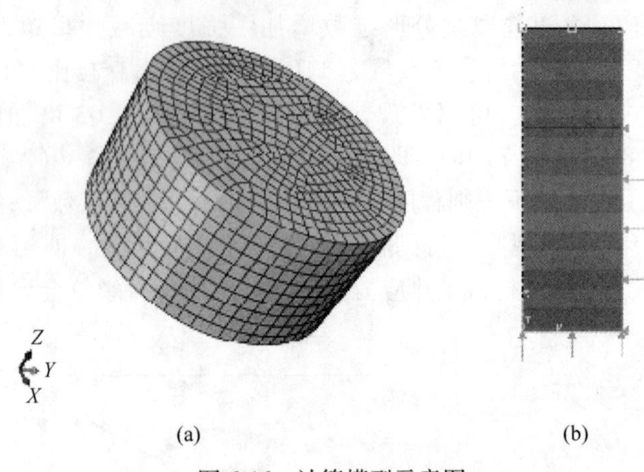

(a)　(b)

图 6-16　计算模型示意图

（a）网格类型 DC3D8；（b）轴对称

在用 ABAQUS 有限元分析软件进行结构的有限元分析时，需要定义结构件的材料属性。在 Property 模块定义材料属性，需要定义材料的热性能参数主要有：热传导率、比热、热膨胀系数及密度等，具体参数见表 6-1。

表 6-1　$NiFe_2O_4$/Nano-TiN 材料的相关材料参数

试样	弹性模量 E/MPa	泊松比 ν	热膨胀系数 a/℃$^{-1}$	导热系数 λ/W·(m·℃)$^{-1}$	比热容 c/J·(g·℃)$^{-1}$	密度 ρ/g·cm^{-3}
$NiFe_2O_4$/Nano-TiN	2. 18×10^5	0. 25	7. 6×10^{-6}	2. 4	1. 046	4. 645

在利用有限元软件进行分析时，都要对模型进行有限单元的划分，即划分网格。在 ABAQUS 中，网格划分技术有多种方式多种途径，但不同方式划分网格的效果会明显不同。为了使后续结构热分析和应力分析得到理想结果，必须使结构的网格分布很均匀。网格划分示意图如图 6-17 所示。

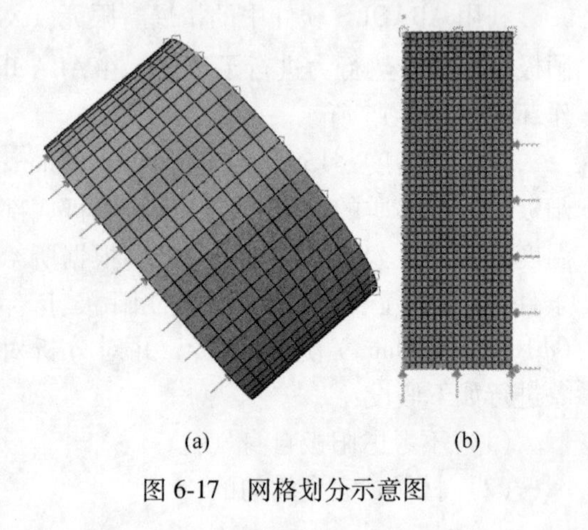

(a)　(b)

图 6-17　网格划分示意图

采用 ABAQUS/Standard 求解器对该热分析进行求解。研究传热问题是为了确定温度场，主要是观察结构的传热途径，因此，分析类型选为瞬态热分析 Heat transfer（Transient）。图 6-18 是所选模型的稳态温度分布结果。

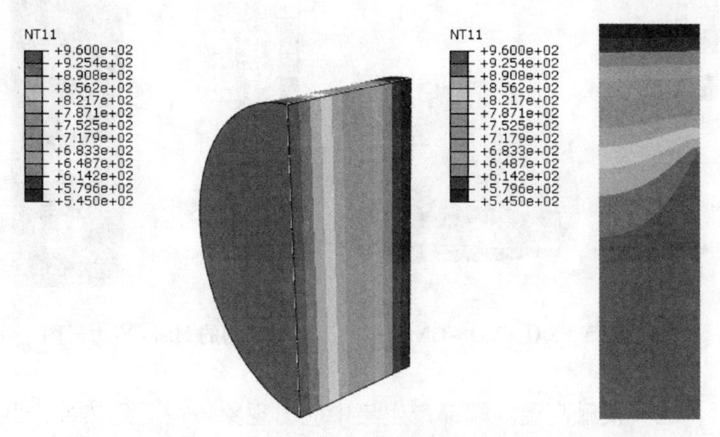

图 6-18 $NiFe_2O_4$/Nano-TiN 陶瓷阳极材料温度分布云图

我们可以看出，在给定热流密度的状态下，热传导过程即刻开始，整个模型结构的温度呈梯度分布，由阳极向着接触电解质的那一端受热流密度处开始向上端过渡。并且随着时间的推移模型结构温度逐渐升高，最高温出现在接触电解质的终端处。

利用 ABAQUS 有限元软件在温度场模拟计算结果的基础上，对于同样的已知条件和前提假设，进行了热应力分析，图 6-19 是热应力模拟的模型示意图。

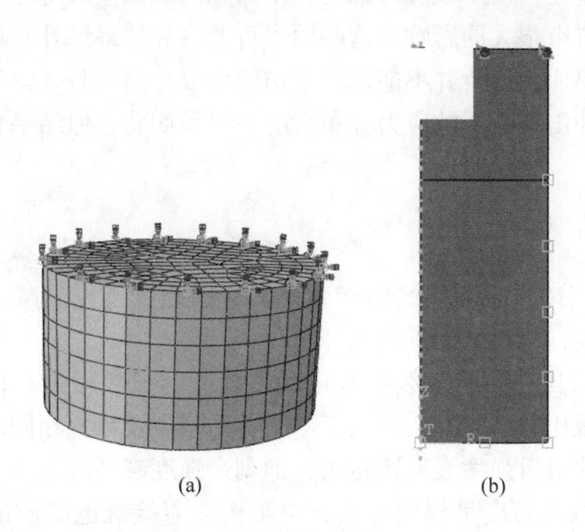

图 6-19 热应力模拟的模型示意图

图 6-20 描述了 $NiFe_2O_4$/Nano-TiN 陶瓷阳极材料结构的应力结果，模型受热

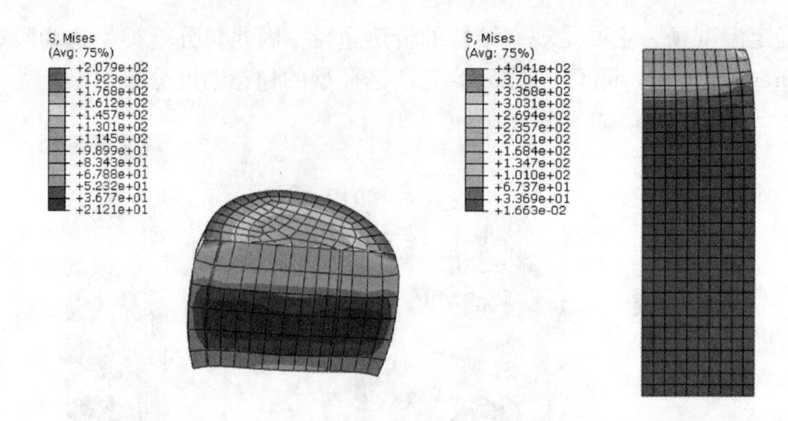

图 6-20　$NiFe_2O_4$/Nano-TiN 陶瓷阳极材料结构的 Mises 应力云图

冲击载荷后，在其接触高温的端部产生集中应力现象。在受到热冲击载荷时，材料结构模型在极端服役环境下，由热冲击前端所产生的瞬时高温会给 $NiFe_2O_4$/Nano-TiN 陶瓷阳极材料结构本身带来了很大的热应力，这对于脆性陶瓷材料来说是重大的挑战。如果材料本身存在一些先天缺陷，那么在施加热冲击载荷的初期，对于 $NiFe_2O_4$/Nano-TiN 陶瓷阳极材料来说，可谓致命一击，很有可能直接导致损伤，甚至因结构破坏而失效。

热应力分析会存在误差主要与所做的假设和分析中所采用的物性参数有关，主要体现在：认为材料的物性参数各向同性；同时假设热分析过程中，材料的物性参数不随温度变化；模型没有考虑材料中的孔洞、微裂纹等显微缺陷，但这些显微缺陷却对材料有很大的影响。这些因素可能会导致最终计算应力结果与实验值有些误差。该热应力分析并不能用数字精确的表示出 $NiFe_2O_4$/Nano-TiN 陶瓷阳极材料在受到热冲击载荷下的应力分布情况，尽管如此，但结果仍可表明其热应力的分布趋势。

6.4　本章小结

（1）随着陶瓷试样表面裂纹的产生，其弯曲强度迅速衰减。样品的断裂表面不规则程度越高，材料强度越高。

（2）强度衰减比与材料中裂纹数量及裂纹分形维数相关。裂纹数量增加使得材料的强度衰减比减小，但衰减幅度不明显。当裂纹数量相同时，裂纹分形维数越大，材料热冲击后强度衰减比越大，即剩余强度越高。

（3）整个结构的温度呈梯度分布，由阳极向着接触电解质的那一端受热流密度处开始向上端方向依次递减。理想结构模型（不含初始裂纹和孔洞）在受到较极端热冲击载荷后，在其接触高温的端部产生集中应力现象。

参考文献

[1] Yanqing Lai, Yong Zhang, Zhongliang Tian, et al. Effect of adding methods of metallic phase on microstructure and thermal shock resistance of Ni/(90NiFe$_2$O$_4$-10NiO) cermets [J]. Transactions of Nonferrous Metals Society of China, 2007, 17: 681-685.

[2] Takano N, Zako M, Okuno Y. Multi-scale finite element analysis of porousmaterials and components by asymptotic homogenization theory and enhanced mesh superposition method [J]. Modelling and Simulation in Materials Science and Engineering, 2003, 11 (2): 137-156.

[3] Torquato S. Necessary conditions on realizable two-point correlation functions of random media [J]. Industrial & Engineering Chemistry Research, 2006, 45 (21): 6923-6928.

[4] Torquato S. Modeling of physical properties of composite materials [J]. International Journal of Solids and Structures, 2000, 9: 411-422.

[5] Mandelbrot B B. Fractals: Form, Chance and Dimension [M]. San Francisco: W. H. Freeman and Company, 1977.

[6] Kobayashi S, Maruyama T, Tsurekawa S, et al. Grain boundary engineering based on fractal analysis for control of segregation- induced intergranular brittle fracture in polycrystalline nickel [J]. Acta Materialia, 2012, 60 (17): 6200-6212.

[7] Sushrut Vaidya, Jeong-Ho Kim. Finite element thermal stress analysis of solid oxide fuel cell cathode microstructures [J]. Journal of Power Sources, 2013, 225: 269-276.

[8] Sharafisafa M, Nazem M. Application of the distinct element method and the extended finite element method in modelling cracks and coalescence in brittle materials [J]. Computational Materials Science, 2014, 91: 102-121.

[9] Xiangting Su, Zhenjun Yang, Guohua Liu. Finite element modelling of complex 3D static and dynamic crack propagation by embedding cohesive elements in abaqus [J]. Acta Mechanica Solida Sinica, 2010, 23 (3): 271-282.

7 电解过程中 $NiFe_2O_4$ 基惰性阳极表面气膜的研究

7.1 铝电解液对 $NiFe_2O_4$ 基惰性阳极与炭素阳极润湿性

在铝电解过程中，电解质对阳极的润湿性，不但与阳极反应、阳极过电压、阳极效应密切相关，而且也直接关系到生产中阳极在熔融电解质中的气泡行为和阳极破损[1]。所以研究电解液对阳极的润湿性问题，不但有重要的理论意义，而且还有着很重要的实际意义。

7.1.1 铝电解液对炭素阳极润湿性

工业冰晶石 Na_3AlF_6+3wt% CaF_2+5wt% Al_2O_3 电解质对炭素阳极和 $NiFe_2O_4$ 基惰性阳极的润湿性，如图 7-1 所示。

在实验过程中发现，电解质熔化后首先在炭素阳极块上收敛成椭球形，然后与阳极的接触面积稍微变大些后得到一个润湿角，最后保持此润湿角的大小，几乎不变。从图 7-1 可以看出，接触角从电解质开始熔化到保持不变的过程中始终大于 90°，这说明电解质对炭素阳极的润湿性不好。经测量，Na_3AlF_6+3wt% CaF_2+5wt% Al_2O_3 电解质对炭素阳极的初始润湿角约为 112.6°。这种规则的椭球在实验过程中处于比较稳定的状态，能够在试样片上存在很长时间，椭球在试样片上的润湿角随时间的延长变化很小，5～6min 内电解液的形状基本不变，到近 12min 时润湿角稍微变小为 103.1°后几乎保持不变。

(a)

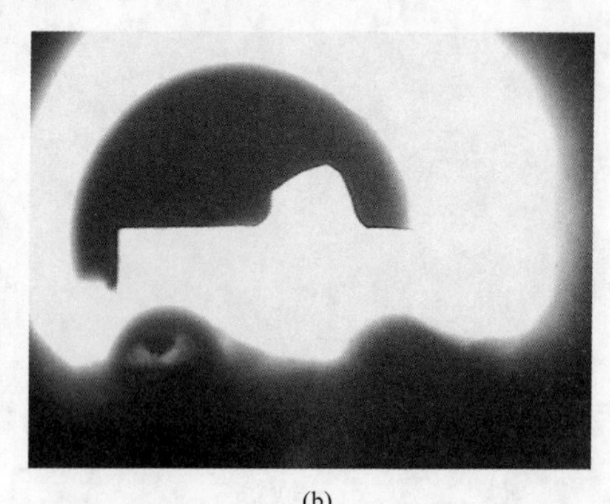
(b)

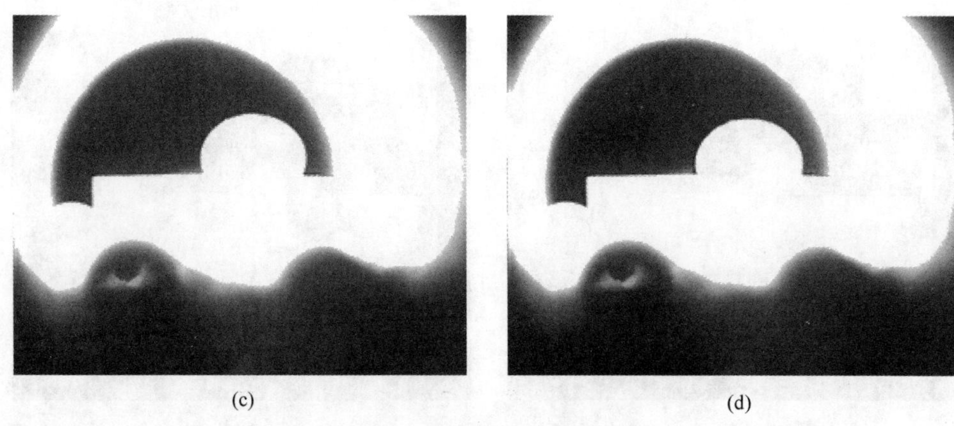

(c) (d)

图 7-1 电解质在炭素阳极上的润湿性变化

（a）未熔化时电解质形状；（b）电解质开始软化时形状；（c）电解质刚熔化时形状；
（d）电解质熔化 8min 时熔滴形状

7.1.2 铝电解液对 $NiFe_2O_4$ 基惰性阳极湿润性

图 7-2 是工业冰晶石 Na_3AlF_6+3wt% CaF_2+5wt% Al_2O_3 电解质在 $NiFe_2O_4$ 基惰性阳极上的润湿过程。在实验过程中观察到表面不太规整的电解质颗粒受热到一定温度后，首先在表面尖锐处、表面能大的地方发生软化，待熔化后，迅速在惰性阳极试样表面铺展开，而且不断地发生变化，最后趋于摊平状态。

电解质对 $NiFe_2O_4$ 基惰性阳极的润湿性非常好，待电解质软化以后，熔融电解质完全熔化后立即在惰性阳极表面铺展开，这种铺展的状态大约只能持续3min，此后电解液在 $NiFe_2O_4$ 惰性阳极上完全铺展开。测量、计算电解质在 $NiFe_2O_4$ 基惰性阳极表面形成的润湿角，发现电解质熔化后 30s、60s、90s 和120s 时的润湿角分别为 74.96°、71.76°、40.31°和 31.62°，当电解液完全铺平后，润湿角变为 0°。

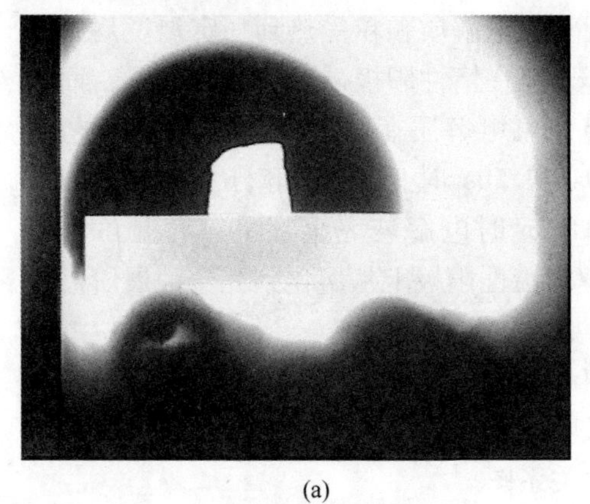

(a)

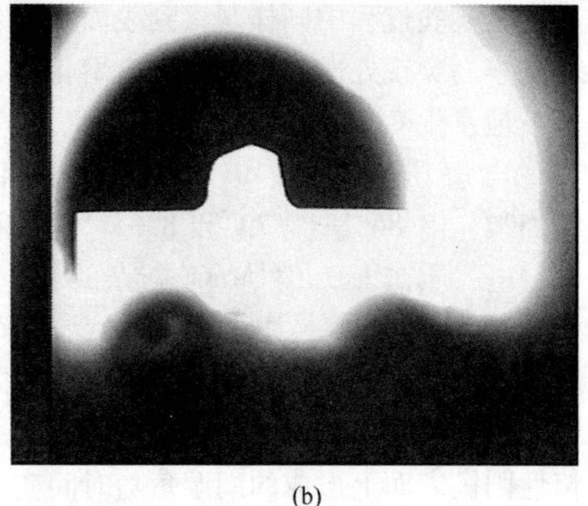

(b)

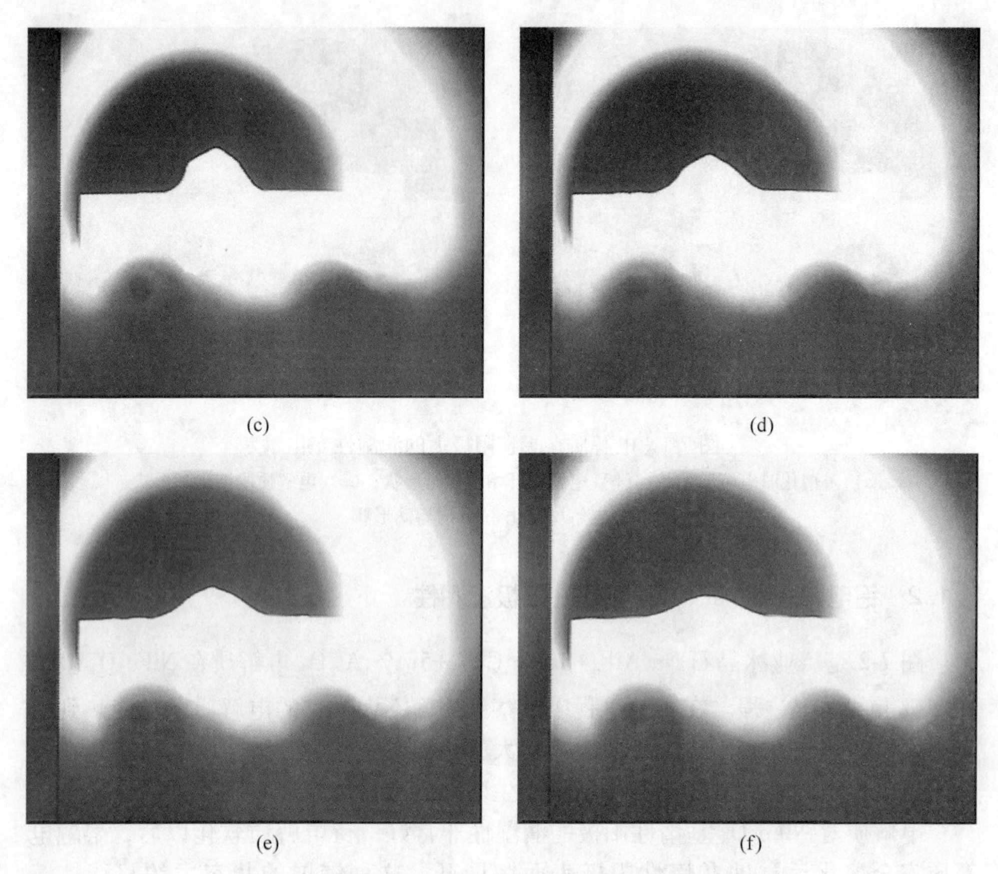

图 7-2　电解质在 $NiFe_2O_4$ 惰性阳极块上的润湿性变化

（a）未熔化时电解质形状；（b）电解质开始软化时形状；（c）电解质刚开始熔化时形状；（d）电解质完全熔化时形状；（e）电解质铺展；（f）电解质持续铺展

1.0wt% MnO_2 掺杂的 $NiFe_2O_4$ 惰性阳极，电解质的熔化过程如图 7-3 所示。在整个实验过程中同样观察到表面不太规整的电解质颗粒受热到一定温度后，首先在表面尖锐处发生软化，完全熔化后，迅速在惰性阳极试样表面铺展开，而且不断地发生变化，趋于水平。测量、计算熔融电解质在阳极表面形成的润湿角，发现电解质熔化后 10s、20s、30s、40s 和 50s 时的润湿角分别为 45.31°、29.52°、19.86°、14.79°和 8.53°，接近 1min 时电解液完全铺平，润湿角变为 0°，电解质在 1.0wt% MnO_2 掺杂的 $NiFe_2O_4$ 惰性阳极上从熔化到完全铺展所需时间比在 $NiFe_2O_4$ 惰性阳极上铺展所需时间更短。

电解质在阳极表面形成的润湿角会随着时间而变化，图 7-4 为铝电解液在炭素阳极表面上形成的润湿角随时间变化关系图。图 7-5 是铝电解液在 $NiFe_2O_4$ 基惰性阳极表面上形成的润湿角随时间变化关系图。

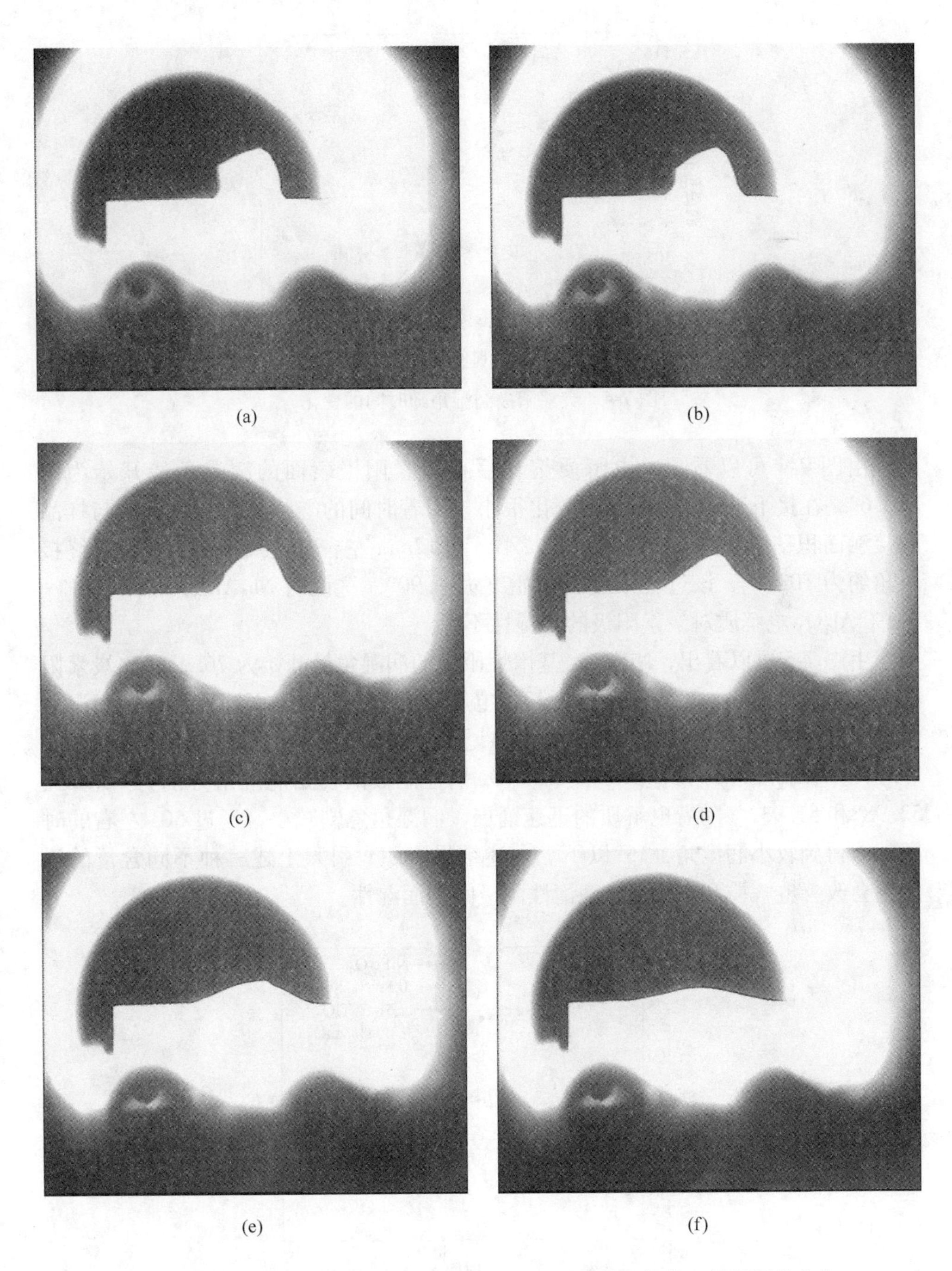

图 7-3 电解质在 1.0wt% MnO_2 掺杂的 $NiFe_2O_4$ 惰性阳极块上的润湿性变化

（a）未熔化时电解质形状；（b）电解质开始软化时形状；（c）电解质刚开始熔化时形状；（d）电解质完全熔化时形状；（e）电解质铺展；（f）电解质持续铺展

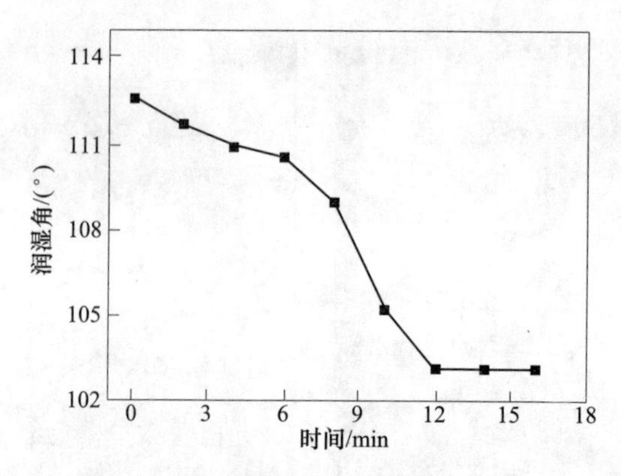

图 7-4　炭素阳极润湿角随时间的变化

由图 7-4 可以看出，电解质熔化后在炭素阳极表面的润湿角最开始为约 112.6°，在接下来的 5~6min 内变化很小，随着时间的继续延长，电解质与样品的接触面积稍微变大，接触角稍有减小，到 12min 左右时达到平衡，获得最终接触角约为 103.1°。该过程中接触角始终大于 90°，这说明 Na_3AlF_6+3wt% CaF_2+5wt% Al_2O_3 电解质对炭素阳极的润湿性不好。

由图 7-5 可以看出，$NiFe_2O_4$ 基惰性阳极的润湿角最开始为 76.9°，比炭素阳极的初始润湿角小，随着时间的延长，电解质熔滴在阳极表面铺展开来，润湿角会迅速减小，到 140s 时接触角为 23.4°。另外可以看出，添加 1.0wt% MnO_2、2.5wt% TiO_2 和 0.5wt% V_2O_5 后 $NiFe_2O_4$ 惰性阳极的初始润湿角分别为 56.86°、52.98°和 51.93°，随着电解质的迅速铺展，润湿角急剧减小，经过 50s 左右的时间就能得到较小润湿角，15°以下。上述结果表明，引入上述三种不同含量的添加剂会改善电解质和 $NiFe_2O_4$ 基惰性阳极间的润湿性。

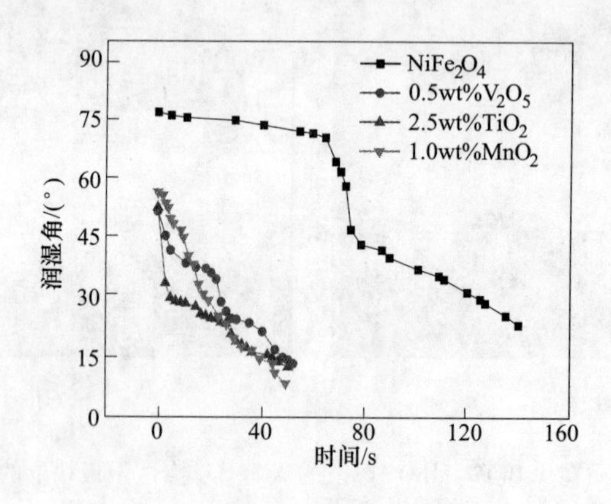

图 7-5　不同阳极润湿角随时间的变化

7.2 电解过程中 $NiFe_2O_4$ 基惰性阳极底面气膜的研究

在铝电解过程中，阳极会产生气体，炭素阳极析出的是 CO_2 和 CO，惰性阳极析出的是 O_2。析出的气体受到浮力作用，向自由表面运动并从自由表面逸出，引起电解质循环运动，有助于加速氧化铝的溶解，减小氧化铝的浓度梯度，使电解质与槽帮之间产生对流传热，有利于电流效率的提高。但析出的气体在逸出前以气泡或气膜形式贴附于阳极表面，减小了阳极的有效工作面积，产生气膜电阻，增大了阳极过电压。另外，气泡逸出之后的运动会使电解质产生伴有湍动的对流运动，影响电流和磁场分布，使电解质-铝液界面产生波动，严重时会使电流完全切断而发生阳极效应，这无疑增加了槽电压，从而提高了铝电解的能耗。因此研究阳极气泡行为具有重要意义[2]。本文采用双室透明实验电解槽观察了炭素阳极和 $NiFe_2O_4$ 基惰性阳极底面气泡的产生，聚合成气膜、气泡逸出的过程。

7.2.1 $NiFe_2O_4$ 基惰性阳极底部气膜的研究

对自制的 $NiFe_2O_4$ 惰性阳极、1.0wt% MnO_2、0.5wt% V_2O_5 和 2.5wt% TiO_2 分别掺杂的 $NiFe_2O_4$ 基惰性阳极都进行了电解实验，考察了不同氧化物掺杂惰性阳极电解过程中的气泡行为，结果发现上述惰性阳极在电解过程的气泡行为几乎是一致的。为了更清楚地观察惰性阳极在电解过程中气泡从形核到长大再到逸出的全过程，以自制的 $NiFe_2O_4$ 基惰性阳极为例，探索了该阳极在 0~0.16A/cm^2 低电流密度范围内的阳极气泡行为，结果发现电流密度为 0.06A/cm^2 时，阳极上气泡析出缓慢，能够看到阳极底部气泡的生长过程，如图 7-6 所示。从上一轮气泡刚离开阳极表面开始计时，$t=0$，其中左室为阳极，右室为阴极。

从图 7-6 可以看出，低电流密度下，在 $NiFe_2O_4$ 基惰性阳极电解过程中，气泡的析出是一个动态过程。开始时气体在阳极表面形成多个球形和半球形小气

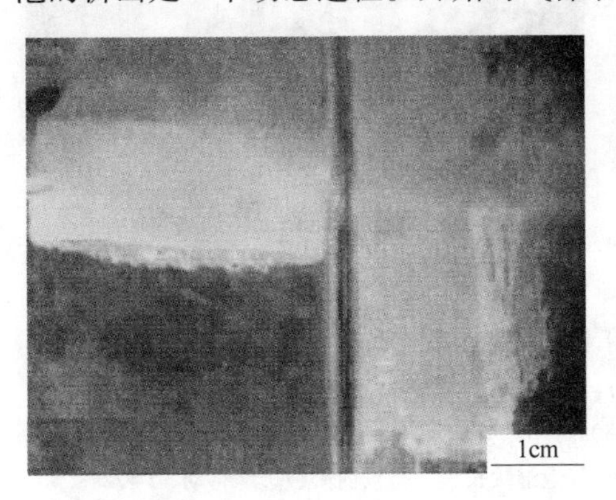

(a)

(b)

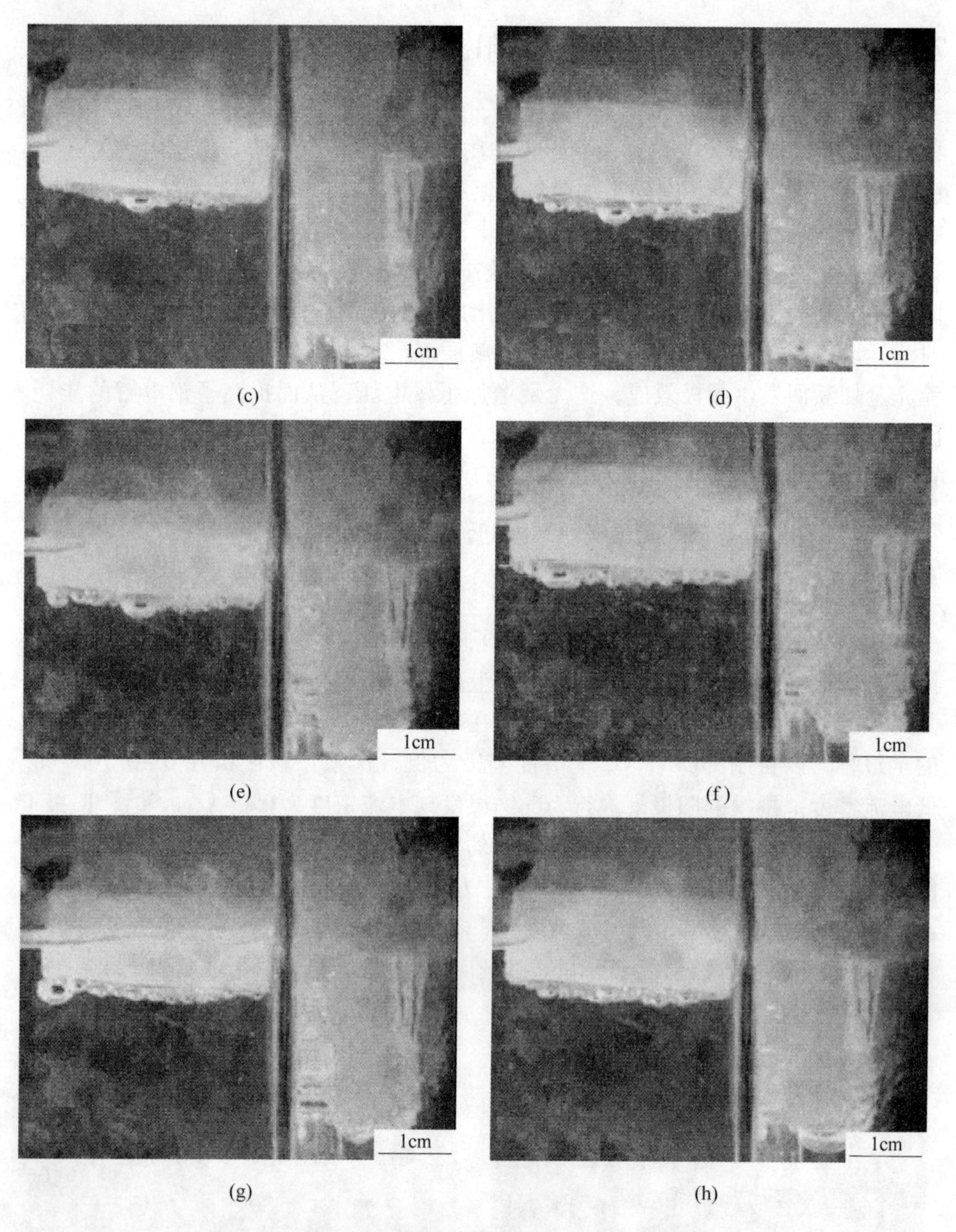

图 7-6　$NiFe_2O_4$ 基惰性阳极底部气泡的生长过程

（a）几个小气泡在阳极底部形核，$t=0$；（b）小气泡各自长大，$t=9s$；
（c）部分气泡合并成一个气泡，$t=30s$；（d）气泡合并后长大，$t=45s$；
（e）气泡继续长大，并向边缘移动，$t=61s$；（f）气泡继续长大，持续向阳极边缘移动，$t=72s$；
（g）气泡继续向阳极边缘移动，准备逸出，$t=79s$；
（h）气泡逸出阳极底部，新一轮的气泡开始形核、长大，$t=81s$

泡，随着这些小气泡的长大，气泡在阳极表面进行汇聚，相互“挤碰”，形成一个或几个大气泡。在电解液浮力、界面张力以及气泡内部压力作用下，气泡形状也由球形逐渐转变为椭圆形球冠，不断向水平方向拉伸，并且在阳极底部向阳极边缘位置移动，最终从阳极表面“逃逸”离开，留下干净表面重新进行下一轮的气泡生长过程。

气泡在阳极表面上长大、逗留的时间以及从阳极表面离开时的尺寸与电流密度、阳极成分及尺寸等因素有关系。在本实验研究条件下，气泡脱离时直径约为4mm，高约为2mm；从观察到气泡形核，到气泡的逸出这一过程大约需要79s。

$NiFe_2O_4$ 基惰性阳极电解时，电流密度对阳极底部气泡行为有很大的影响，气泡析出前平均尺寸与电流密度的关系如图 7-7 所示（假设气泡以球形方式长大）。

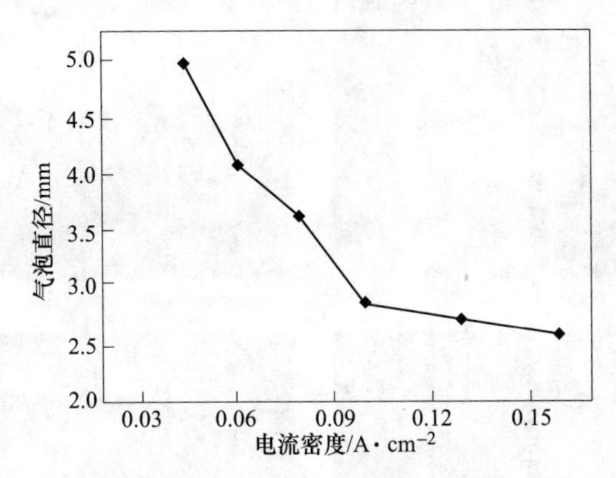

图 7-7 $NiFe_2O_4$ 基惰性阳极不同电流密度下的气泡平均析出直径

从图 7-7 可以看出，气泡脱离阳极前直径随电流密度的增加而减小。在电流密度为 0.04A/cm^2 时，析出的气泡直径为 5.2mm，0.16A/cm^2 则降到 2.5mm。这是因为在大电流密度下电解，Al_2O_3 分解反应剧烈，氧气析出量多并且速度较快，生成的气体产生剧烈扰动，气泡的汇聚不像在低电流密度下密集，很多气泡来不及长大就从阳极表面析出，且速率较快。

电解槽的独特结构和套在阳极外面的氮化硼管，这使得阳极底部电流密度比侧部的大很多，气泡只在阳极底部形成。阳极侧部气泡与底部气泡所受的作用力不同。侧部气泡没有受到阳极给它的压力，在浮力和新生气体的排斥作用下，迅速离开阳极表面；而底部气泡则由于受到阳极底部压力的作用，气泡只能靠表面张力和阳极气体排斥的作用在阳极底部“摇摆挣扎”朝着阳极边缘移动，在移动过程中，不断遇到小气泡而汇聚成大气泡。当气泡大到一定程度，其边缘接近阳极外侧时，在浮力和阳极气体排斥的共同作用下，最后离开阳极底部。

7.2.2　炭素阳极底部气膜的研究

在实验过程中发现自制的 $NiFe_2O_4$ 惰性阳极、1.0wt% MnO_2、0.5wt% V_2O_5 和 2.5wt% TiO_2 分别掺杂的 $NiFe_2O_4$ 基惰性阳极在电解过程中的气泡逸出过程整体上与炭素阳极的气泡行为是有些差别的。现以相同的实验条件，采用双室透明电解槽观测了炭素阳极底部气泡的产生、聚合、长大、逸出过程。图 7-8 是炭素阳极在电流密度为 0.06A/cm^2 时，气泡从生成到长大再到逸出的全过程。从上一轮气泡刚离开阳极表面开始计时，$t=0$，其中左室为阳极，右室为阴极。

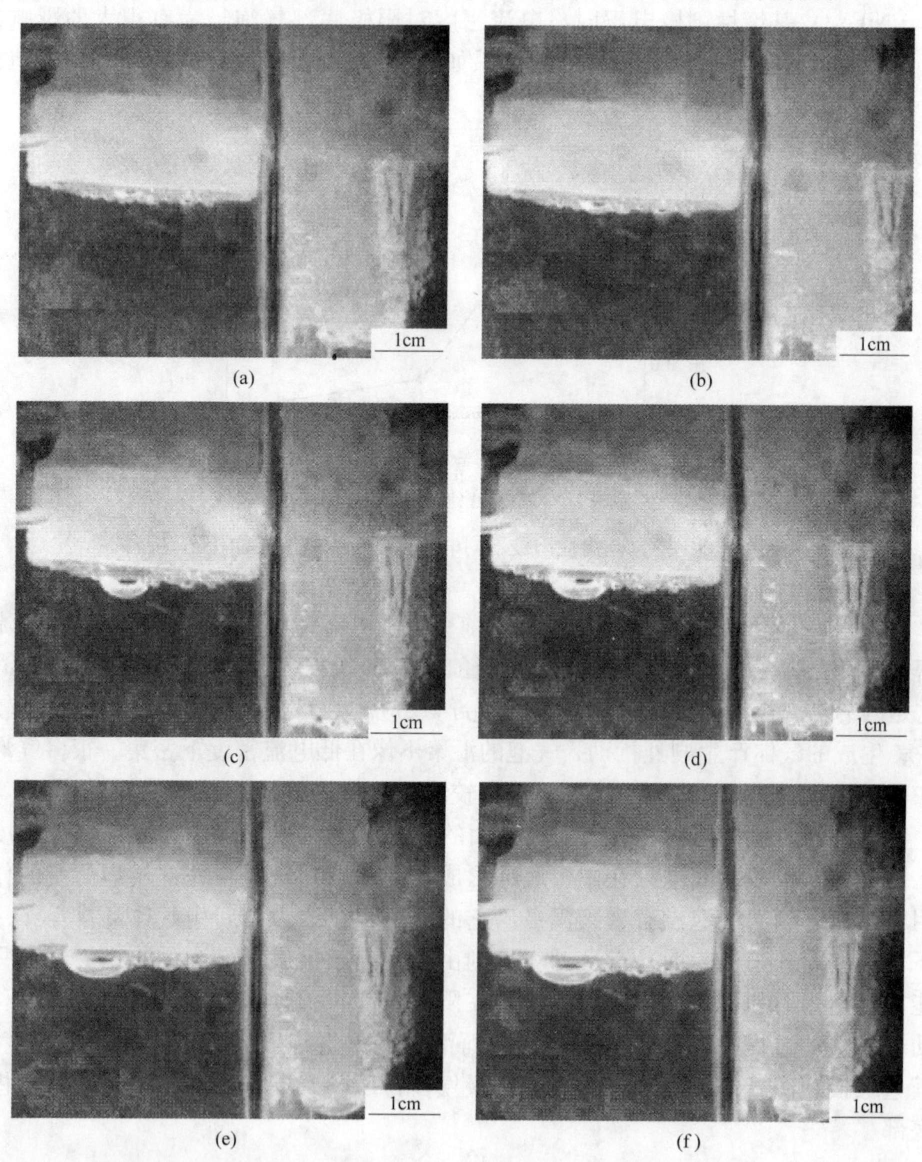

(a)　(b)　(c)　(d)　(e)　(f)

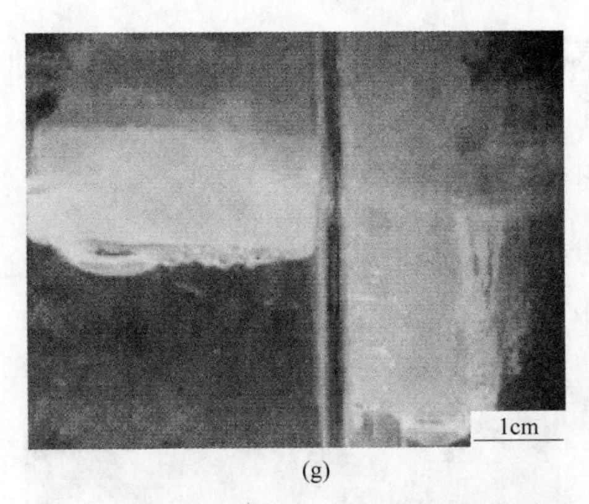

(g)

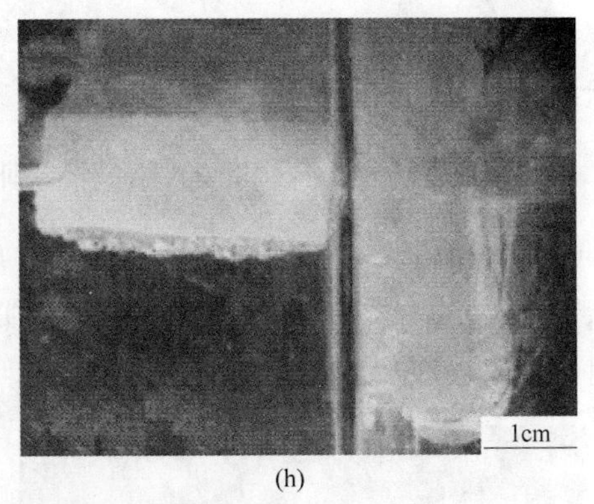

(h)

图 7-8 炭素阳极底部气泡的生长过程

（a）几个小气泡在阳极底部形核，$t=0s$；（b）小气泡各自长大，$t=9s$；
（c）部分气泡合并成一个气泡，$t=36s$；（d）气泡合并后长大，$t=48s$；
（e）气泡继续长大，并向边缘移动，$t=64s$；（f）气泡继续长大，持续向阳极边缘移动，$t=87s$；
（g）气泡继续向阳极边缘移动，准备逸出，$t=96s$；
（h）气泡逸出阳极底部，新一轮的气泡开始形核、长大，$t=103s$

从图 7-8 可以看出，炭素阳极在低电流密度下进行电解时，气泡的析出同样也是一个动态过程，但该过程与 $NiFe_2O_4$ 惰性阳极底部气泡的逸出过程有些差别。炭素阳极底部从观察到气泡形核到气泡合并长大并逸出的过程持续时间较长，约 102s，并且从炭素阳极底部脱离时的气泡尺寸比惰性阳极的大。

为比较炭素阳极与惰性阳极低电流密度电解时的气泡尺寸，对炭素阳极在相同的电解操作条件下在透明槽中进行了电解实验，得到气泡尺寸与电流密度的关系，如图 7-9 所示。

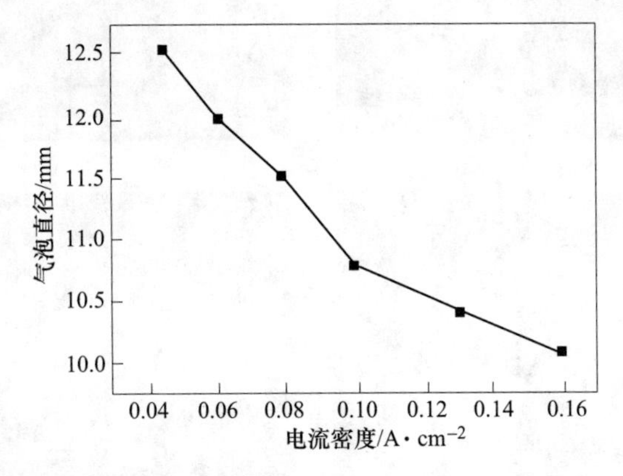

图 7-9 炭素阳极在不同电流密度下气泡的平均析出直径

比较图 7-7 和图 7-9 可以看出，在相同电流密度下，用炭素阳极进行电解时，气泡逸出前的平均尺寸要比惰性阳极的大很多。实验过程表明，气泡在炭素阳极底部上停留时间也更长。这说明，阳极气泡的大小不仅与电解质成分和阳极表面状况有关，还与阳极材料组成有一定关系。

7.2.3　大电流密度下 $NiFe_2O_4$ 基惰性阳极底面气膜形成过程

为了继续考察炭素阳极和 $NiFe_2O_4$ 基惰性阳极在大电流密度下的电解过程，本文以 0.6A/cm^2 电流密度为例，进行了电解实验。图 7-10 是电流密度为 0.6A/cm^2 时炭素阳极底部气泡生长、逸出过程的照片。

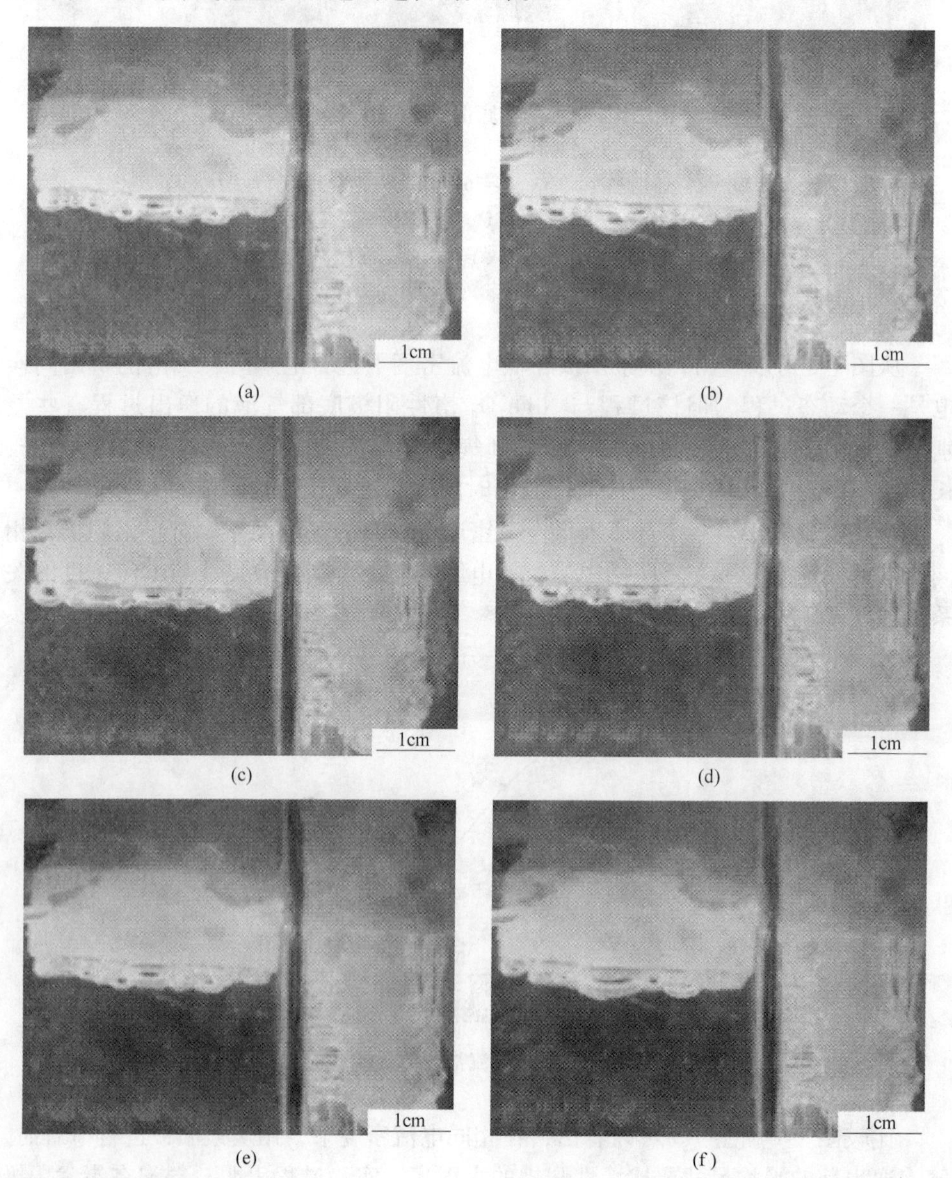

(a)　(b)　(c)　(d)　(e)　(f)

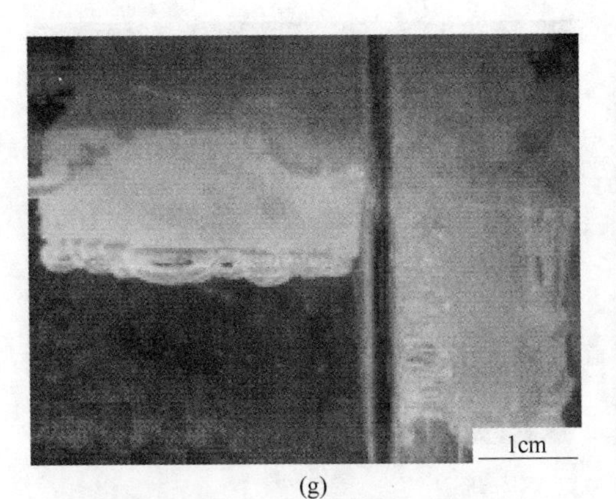

(g)

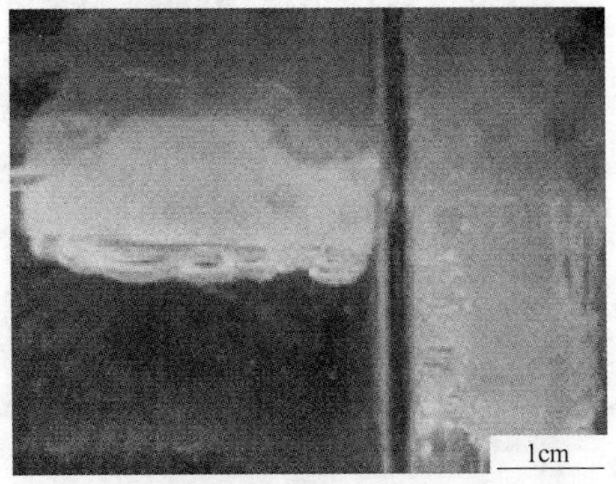

(h)

图 7-10 0.6A/cm^2 电流密度下炭素阳极底部气泡

(a) $t=0$s; (b) $t=2$s; (c) $t=4$s; (d) $t=5$s;

(e) $t=6$s; (f) $t=9$s; (g) $t=12$s; (h) $t=13$s

从图 7-10 中可以看出，电流密度较大，炭素阳极底部气泡生长速度较快，但仍然出现了气泡合并变大的现象。在整个电解过程中，小气泡聚合形成较大气泡，在表面张力和阳极气体排斥的共同作用下缓慢向阳极边缘偏移，最终逸出。电解进行的过程中，阳极底部始终都被较厚的气泡层覆盖。与低电流密度电解时的气泡行为相比，发现在 0.6A/cm^2 电流密度下电解时，炭素阳极底部的气泡从形核、合并长大到逸出过程所用时间较短。

图 7-11 是 0.6A/cm^2 电流密度条件下 $NiFe_2O_4$ 基惰性阳极底部气泡生长过程的照片。从图中可以看出，$NiFe_2O_4$ 惰性阳极底部气泡快速形核，并生长形成无数小气泡，并快速逸出，无聚合形成大气泡现象。从形核到气泡逸出的时间周期不明显。气泡尺寸与低电流密度下电解所观测到的气泡相比较小，在整个实验过程中几乎无法测量气泡直径。

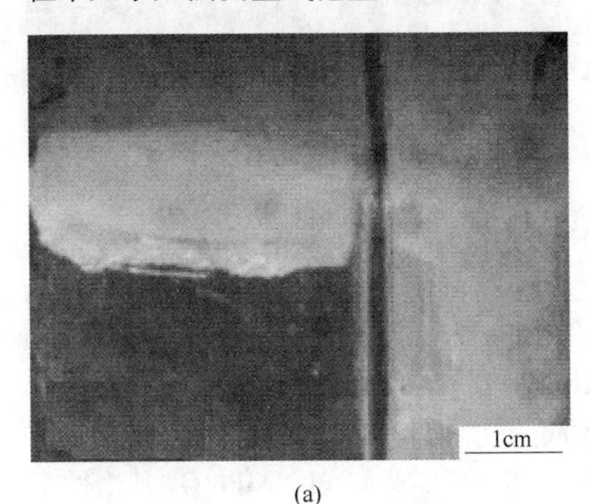

(a)

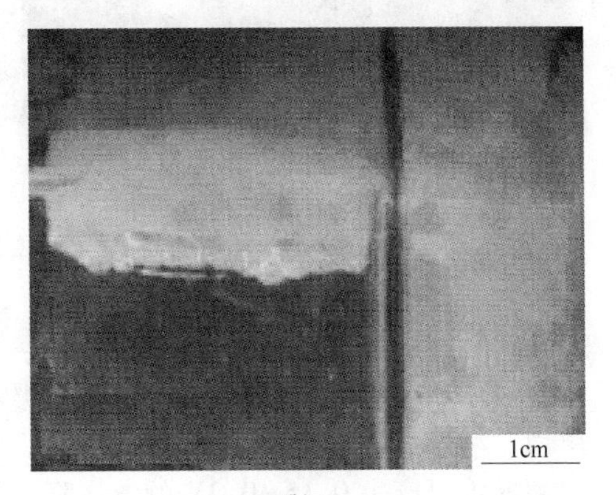

(b)

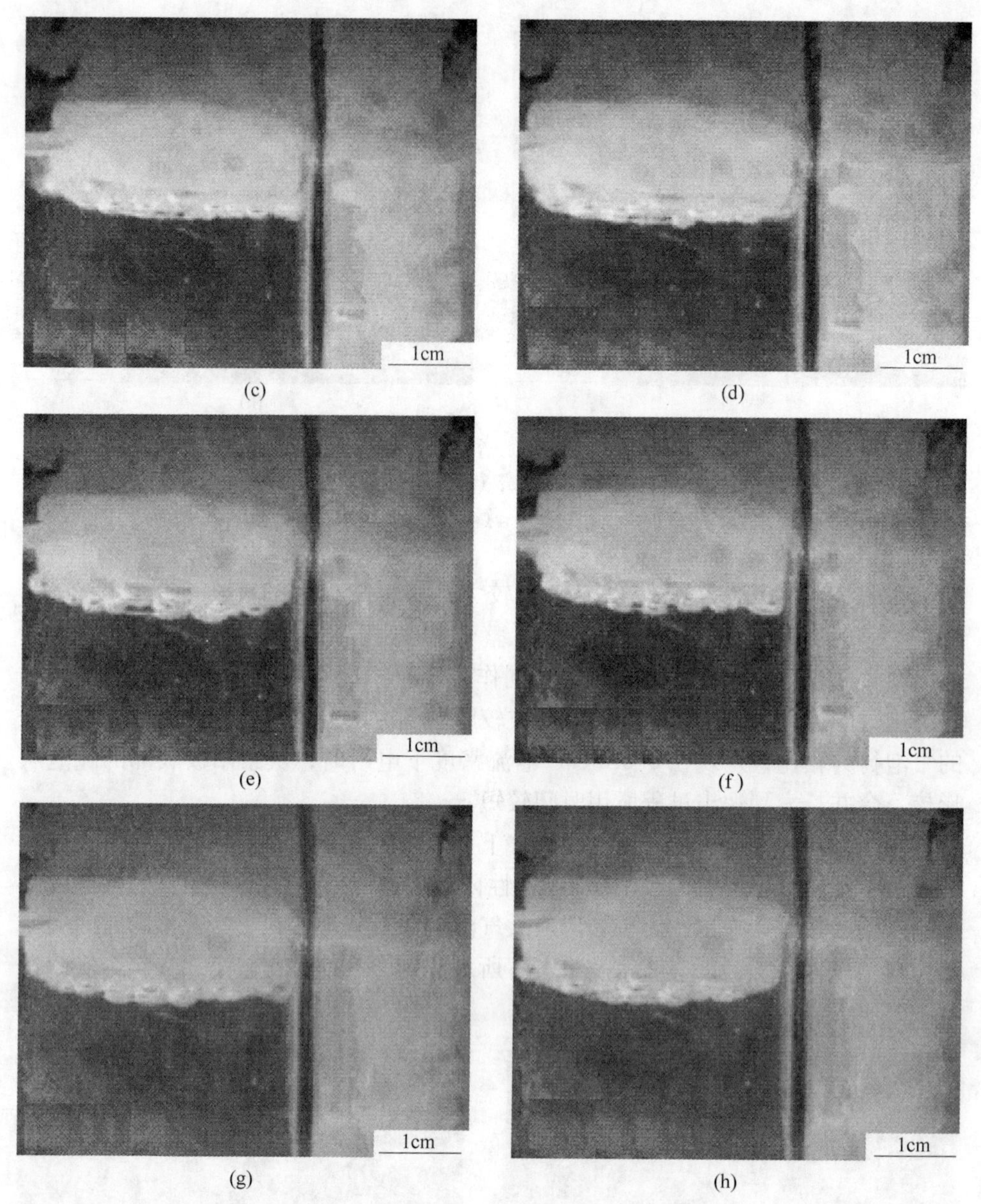

图 7-11　0.6A/cm^2 电流密度下 $NiFe_2O_4$ 惰性阳极底部气泡

(a) t=0s；(b) t=1s；(c) t=3s；(d) t=4s；(e) t=5s；(f) t=7s；(g) t=9s；(h) t=11s

覆盖在阳极底部的气泡层占据着阳极附近的部分空间，排挤了同等体积的电解质，导致“气膜电阻”的产生。按照 Haupin 的见解，“气膜电阻”在炭阳极电解槽中可产生 0.15~0.2V 的电压降。从上述实验结果可知，$NiFe_2O_4$ 基惰性阳极在电解时，由于电解质对阳极的润湿性较好，电解液将气泡快速排挤，使得气泡在阳极上的逗留时间比在炭阳极上的短。$NiFe_2O_4$ 基惰性阳极底部气泡更细小，气泡所形成的气膜厚度与炭素阳极底部的气膜相比较薄，排开电解质的体积更小，所以 $NiFe_2O_4$ 基惰性阳极的“气膜电阻”与炭阳极相比较小，因此在阳极上的电压降要低于炭阳极，这有利于降低生产能耗。

对惰性阳极进行电解时，阳极气泡小，分布更密集，在实际生产条件下，阳极底部表面上的气泡呈气泡层存在，这无疑会增加电压降。这与上面所指出的由于气泡在阳极上停留时间短而贡献的降低气膜电阻作用相抵消。所以 Kvande 指出，惰性阳极电解时并不能显著地降低消耗在气泡上的电压降。在最理想的情况下，气泡电阻有可能从目前使用炭阳极时的 0. 25V 左右降到 0. 15V 左右[3]。

7.3 本章小结

（1）Na_3AlF_6+3wt% CaF_2+5wt% Al_2O_3 电解质对炭素阳极的润湿角为 103. 1°。电解质对 $NiFe_2O_4$ 基惰性阳极的润湿性较好，$NiFe_2O_4$ 阳极的初始润湿角为 76. 9°，随时间延长，电解质熔滴在阳极表面迅速铺开，到 140s 时润湿角已降到了 23. 4°。添加 1. 0wt% MnO_2、2. 5wt% TiO_2 和 0. 5wt% V_2O_5 后的 $NiFe_2O_4$ 惰性阳极，初始润湿角分别为 56. 86°、52. 98°和 51. 93°，经过 50s 左右的时间，润湿角均降到了 15°以下。

（2）在低电流密度下，$NiFe_2O_4$ 基惰性阳极电解过程中，气泡析出经历了形核、长大、气泡合并、长大、偏移和逸出过程，时间总计约为 79s，气泡逸出尺寸约为 ϕ4mm×2mm。相同条件下进行电解，炭素阳极底部从观察到气泡形核到气泡合并长大并逸出的过程持续时间约为 102s，从底部脱离时的气泡尺寸比惰性阳极的大。两类阳极上气泡析出前的直径均随电流密度的增大而减小。

（3）大电流密度电解过程表明，炭素阳极底部气泡生长速度较快，但仍然出现了气泡合并变大的现象，气泡覆盖在阳极底部形成较厚的气膜。$NiFe_2O_4$ 惰性阳极底部气泡快速形核，并生长形成无数小气泡，快速逸出，无聚合形成大气泡现象，很难测量气泡直径。

参 考 文 献

[1] 席锦会，谢英杰，姚广春，等．电解质对铝电解用阳极润湿性的研究［J］．轻金属，2007，2：31-34.

[2] 铁军，韩至成，邱竹贤，等．铝电解中阳极气泡形成的电化学研究［J］．有色金属，1996，48（1）：44-48.

[3] Kvande H，Haupin W．Inert anodes for aluminum smelting：energy balances and environmental impact［J］．JOM，2001，53（2）：29-33.

8 $NiFe_2O_4$基惰性阳极过电压的研究

8.1 $NiFe_2O_4$ 基惰性阳极理论分解电压

在铝电解生产中，当电解槽由炭阳极和铝阴极组成时，其主电极反应为：

$$2Al_2O_3(diss) + 3C(s) \xlongequal{} 4Al(l) + 3CO_2(g) \tag{8-1}$$

熔盐的理论分解电压值，可以通过相应原电池的电势测得，也可以通过热力学数据计算求得。其原理是：化合物分解所需的电能在数值上等于它在恒压下的生成自由能，但符号相反[1]，即：

$$\Delta G_T^{\ominus} = -nFE_T^{\ominus} \tag{8-2}$$

式中，$E_T^{\ominus}$ 为标准状态下的理论分解电压，V；F 为法拉第常数，其值为96487C/mol 电子；n 为反应式中得失电子数；$\Delta G_T^{\ominus}$ 为恒压下的反应标准自由能改变值，J/mol。

此电解槽反应的标准可逆电势是可以根据热力学数据计算的[2]，980℃时炭素阳极的理论分解电压 $E^{\ominus}$ 为1.179V，此值也可以由零电流时电池电势的测定结果验证[3]。但是由于实验操作上的误差，不同研究者的测定结果稍有差别。

对于惰性阳极而言，在铝电解生产中，发生的反应主要是：

$$2Al_2O_3(diss) \xlongequal{} 4Al(l) + 3O_2(g) \tag{8-3}$$

同样，根据热力学数据和式（8-2）计算，可以得到980℃时惰性阳极的理论分解电压 $E^{\ominus}$ 为2.206V。

8.2 $NiFe_2O_4$ 基惰性阳极过电压计算结果

采用稳态瞬时断电法对980℃温度下 $NiFe_2O_4$ 基惰性阳极不同电流密度下电解的过电压进行了测量，并与相同条件下炭素阳极的过电压进行了比较。图8-1是炭素阳极不同电流密度下阳极过电压的测量数据。可以看出，电解过程中槽电压随着电流密度的增大而升高，0.6A/cm² 电流密度时的槽电压为1.83V，当电流密度为1.2A/cm² 时，槽电压上升到2.2V。图8-1还表明，电解过程中电流密度越大，槽电压波动越大且波动频率越高，这主要是电流密度变大之后，产生更多 CO_2 气泡，气泡合并长大释放的速度加快所致。电解240s后断电，欧姆降迅速消失，反电动势则以一电池形式向外电路放电，并随着时间的延长而逐渐衰减，测量该停电过程瞬间值，就可求得电解过程中反电动势。从图8-1可以看出四种不同电流密度下的反电动势分别为1.486V、1.560V、1.585V和1.617V。热力学计算数据表明，980℃时炭素阳极的理论分解电压$E^{\ominus}$为1.179V，根据$\eta_a = E_{反} - E_T^{\ominus}$，可求得各电流密度下炭素阳极的阳极过电压$\eta_a$，分别为0.307V、0.381V、0.406V和0.438V。

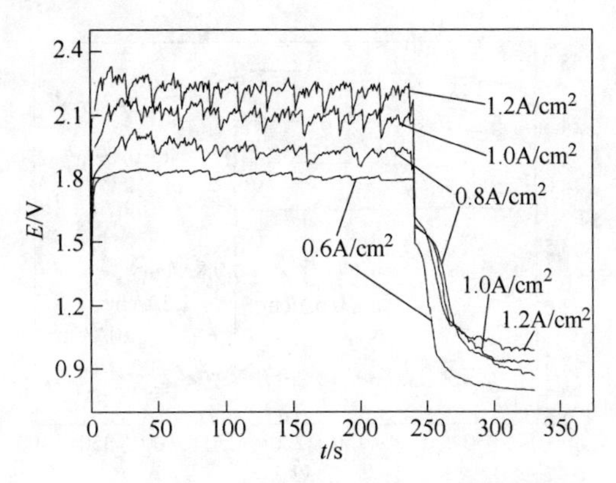

图8-1 980℃时炭素阳极的断电流测试曲线

图8-2是采用稳态瞬时断电法对$NiFe_2O_4$阳极不同电流密度下过电压的测量数据。可以看出，$NiFe_2O_4$惰性阳极电解过程中槽电压随电流密度的变化趋势与炭素阳极相同，均随着电流密度增大而升高，但$NiFe_2O_4$惰性阳极电解过程中的槽电压比较平稳，没有出现明显波动。电流密度为$0.6A/cm^2$、$0.8A/cm^2$、$1.0A/cm^2$和$1.2A/cm^2$时，$NiFe_2O_4$阳极的槽电压分布在3.99~5.15V之间，反电动势分别为2.395V、2.476V、2.515V和2.565V。热力学计算数据表明，980℃时惰性阳极的理论分解电压$E^{\ominus}$为2.206V，求得各电流密度下惰性阳极的阳极过电压η_a，分别为0.189V、0.270V、0.309V和0.359V。

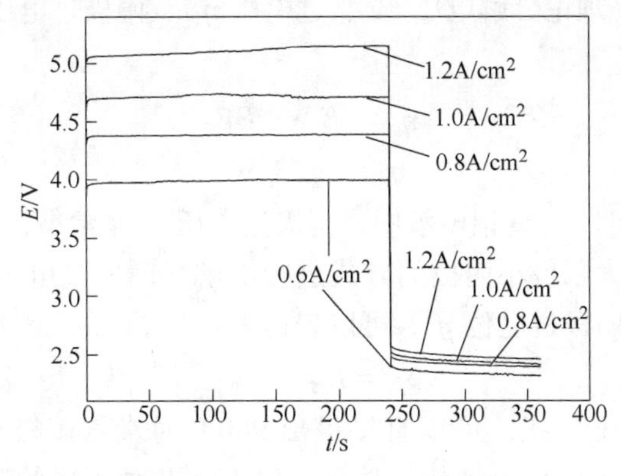

图8-2 980℃时$NiFe_2O_4$阳极的断电流测试曲线

另外，对 1.0wt% MnO_2、0.5wt% V_2O_5 和 2.5wt% TiO_2 分别掺杂的 $NiFe_2O_4$ 基惰性阳极进行了电解实验，在实验过程中发现引入上述添加剂后的槽电压、反电动势以及阳极过电压与 $NiFe_2O_4$ 阳极相比均出现了小幅度的下降，这主要是上述添加剂改善了电解液和 $NiFe_2O_4$ 基惰性阳极间的润湿性所致。以 2.5wt% TiO_2 掺杂的 $NiFe_2O_4$ 基惰性阳极为例，得到了下面的断电流测试曲线，如图 8-3 所示。

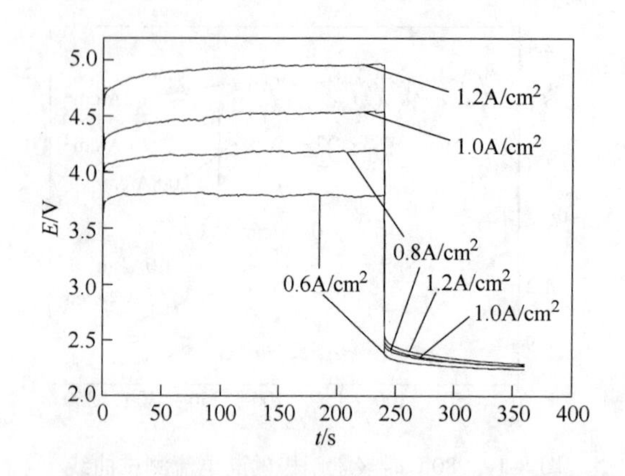

图 8-3　980℃时 2.5wt% TiO_2 掺杂 $NiFe_2O_4$ 阳极的断电流测试曲线

从图 8-3 可以看出，2.5wt% TiO_2 掺杂的 $NiFe_2O_4$ 基惰性阳极的槽电压比较平稳，没有出现明显的波动。各电流密度下的槽电压均比炭素阳极的高。同样在 240s 时断电，欧姆降则快速消失，反电动势随着时间的延长而逐渐衰减。电流密度从 0.6A/cm^2 升到 1.2A/cm^2 时，$NiFe_2O_4$ 阳极的槽电压在 3.799~4.952V 间波动，并且反电动势分布在 2.376~2.536V 范围内。

8.3　$NiFe_2O_4$ 基惰性阳极过电压分析讨论

反电动势 $E_{反}$、理论分解电压 $E_T^{\ominus}$、过电压 $\eta_{过}$、阳极过电压 η_a 和阴极过电压 η_c 间存在以下关系：

$$\eta_{过} = E_{反} - E_T^{\ominus} \tag{8-4}$$

$$\eta_{过} = \eta_a + \eta_c \tag{8-5}$$

由于有研究表明[4~6]，铝电解中，阴极过电压 η_c 非常小，一般只有 0.02V 左右，实验中若采用大阳极小阴极的方式进行电解，阴极过电位 η_c 还会更小，甚至可以忽略，所以阳极过电位 η_a，可以表达为：

$$\eta_a = E_{反} - E_T^{\ominus} \tag{8-6}$$

通过断电流测试曲线，可以直接得出 980℃时炭素阳极和 $NiFe_2O_4$ 阳极在不同电流密度条件下的反电动势。计算得出上述两种阳极的阳极过电压，见表 8-1。

表 8-1 980℃时不同电流密度条件下炭素阳极和 $NiFe_2O_4$ 阳极的反电动势和阳极过电压

项目	阳极种类	电流密度/A · cm^{-2}			
		0.6	0.8	1.0	1.2
反电动势/V	炭素阳极	1.486	1.560	1.585	1.617
	$NiFe_2O_4$ 阳极	2.395	2.476	2.515	2.565
阳极过电压/V	炭素阳极	0.307	0.381	0.406	0.438
	$NiFe_2O_4$ 阳极	0.189	0.270	0.309	0.359

为了更直观地考察炭素阳极和 $NiFe_2O_4$ 阳极在 980℃电解时反电动势和阳极过电压的差别，利用表 8-1 中的数据进行作图，得到图 8-4。

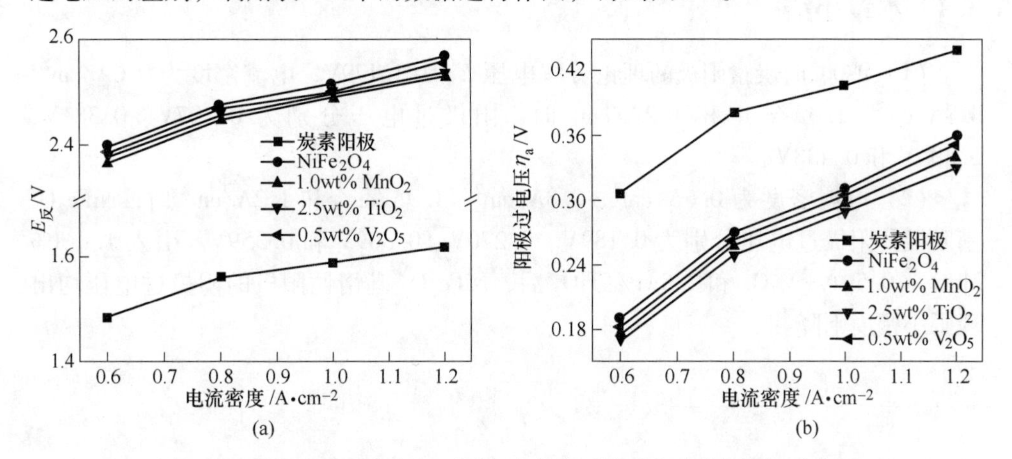

图 8-4 980℃温度下各阳极不同电流密度下的反电动势与阳极过电压

图 8-4 是 980℃温度下各阳极在不同电流密度下的反电动势与阳极过电压。由图 8-4（a）可以看出，各成分的 $NiFe_2O_4$ 基惰性阳极的反电动势比炭素阳极要高出约 0.88~0.94V；图 8-4（b）表明，在 0.6~1.2A/cm^2 整个电流密度范围内 $NiFe_2O_4$ 基惰性阳极的阳极过电压比炭素阳极的小 0.087~0.13V。引入添加剂后 $NiFe_2O_4$ 阳极过电压均比无添加时的阳极过电压略低，这主要是添加剂改善了电解液与阳极间的润湿性所致。

在电解槽参数、电解质成分相同时，电解过程中影响上述两类阳极的阳极过电压的主要因素有：

（1）润湿性：电解过程中电解液对 $NiFe_2O_4$ 基惰性阳极的润湿性较好，阳极底部气泡小，逸出速度较快，形成的气膜较薄，排开电解质的体积更小，所以“气膜电阻”与炭阳极相比较小。

（2）反应性：电解过程中炭素阳极参与了反应，则阳极过电压主要由反应过电压和气膜电阻过电压两部分组成；$NiFe_2O_4$ 基惰性阳极不参与反应，惰性阳极过电压主要来自气膜电阻过电压。此外，由于炭素阳极参与反应，阳极消耗使得极距增大，从而增加电解槽的压降。而对惰性阳极而言，极距可以降低20mm，因为极距每降低1mm，电解质压降会降低30~40mV。极距降低20mm，电解质压降会减少600~700mV[7]。

对0.6~1.2A/cm^2 电流密度范围内 $NiFe_2O_4$ 基惰性阳极与炭素阳极的阳极过电压的研究结果表明，在铝电解惰性阳极与炭素阳极的能源消耗问题上，人们的认识存在较大误区。结合上述实验结果，可以看出 $NiFe_2O_4$ 基惰性阳极整个电流密度范围内反电动势比炭素阳极的反电动势只高出约0.88~0.94V，而非人们认为的前者比后者高1.0V以上。

8.4　本章小结

（1）980℃时炭素阳极的理论分解电压 $E^{\ominus}$ 为1.179V，电流密度为0.6A/cm^2、0.8A/cm^2、1.0A/cm^2 和1.2A/cm^2 时，阳极过电压分别为0.307V、0.381V、0.406V和0.438V。

（2）电流密度为0.6A/cm^2、0.8A/cm^2、1.0A/cm^2 和1.2A/cm^2 时，$NiFe_2O_4$ 基阳极的阳极过电压分别为0.189V、0.270V、0.309V和0.359V。引入1.0wt% MnO_2、0.5wt% V_2O_5 和2.5wt% TiO_2 后，$NiFe_2O_4$ 基惰性阳极的阳极过电压均出现了小幅度下降。

参考文献

[1] 刘奎仁，陈建设，魏绪钧．钕电解相关物质理论分解电压的计算［J］．稀土，2001，22（2）：30-33.
[2] 邱竹贤．预焙槽炼铝［M］．北京：冶金工业出版社，1980.
[3] 冯乃祥．铝电解槽炭阳极添加碳酸锂对阳极过电压的影响［J］．炭素技术，1990，5：12-17.
[4] 秦庆伟，赖延清，孙小刚，等．电解工艺对 $NiFe_2O_4$ 基金属陶瓷阳极耐腐蚀性能的影响［J］．中南大学学报（自然科学版），2004，35（6）：891-895.
[5] 张健飞，朱佳，伍华，等．$NiFe_2O_4$ 惰性阳极的制备及其电解腐蚀机理分析［J］．哈尔滨师范大学自然科学学报，2011，27（1）：65-68.
[6] 张雷，李志友，周科朝，等．大尺寸 $NiFe_2O_4$-10NiO/17Ni 型金属陶瓷惰性阳极的制备［J］．中国有色金属学报，2008，18（2）：294-300.
[7] 姚广春，王兆文，刘宜汉．铝电解惰性电极系统的研究．铝-21世纪基础研究与技术发展研讨会论文集［C］．长沙：中南大学，2002：340.